ちくま学芸文庫

数学的に考える
問題発見と分析の技法

キース・デブリン
冨永 星 訳

筑摩書房

INTRODUCTION TO MATHEMATICAL THINKING
by Keith Devlin
Copyright ©2012 by Keith Devlin
Japanese translation published
by arrangement with Keith Devlin
c/o Ted Weinstein Literary Management
through The English Agency (JAPAN) Ltd.

はじめに

多くの学生が，高校数学から大学レベルの数学に進む際に一つの障害に出くわす．そして高校の数学でよい成績を収めていた学生までが，往々にしていっとき講座から振り落とされる．というのも幼稚園から高校までの算数や数学と違って，大学の数学においては「数学的な思考」が特徴となっており，その手法を身につけることが重要になるからだ．ほとんどの学生がこのような変化をなんとか乗り切るわけだが，それでもそこで挫折して数学以外の分野（数学をよく使う別の分野，あるいは自然科学ですらない分野）に専攻を変える学生が決して少なくない．このため単科大学や総合大学には，新入生がこのような重点の移行についていけるように「移行講座 transition course」を設けているところが多い．

この小さな本はそのような講座のためのものだが，従来の「移行用の教科書」とは違う．これは，大学の新入生（および数学が得意な高校の最上級生）向けの（数理論理学や形式に則った証明や集合論を紹介してから初歩的な数論や実解析の基本に少し触れる形の）短期集中コース用の典型的なテキストではなく，「数学的な思考」と呼ばれる

きわめて重要だが理解しにくい力を身につける際に助けとなるはずのものなのだ.「数学的な思考」と「数学すること」は同じでない.「数学をする」には,さまざまな手順を適用したり,記号をガシガシ操作したりする必要があるが,これに対して「数学的思考」は,現実世界の事柄について考える明確な方法なのである.考える内容そのものは,数学とまるで関係がなくてかまわない.とはいえわたし自身は,数学のいくつかの分野がこの思考法を学ぶのにうってつけの舞台だと思っている.だからこの本でも,それらの分野に焦点を当てるつもりだ.

　数学者や科学者や技術者は,「数学する」必要がある.しかるに21世紀を生きるすべての人々にとって,数学的な思考をある程度できたほうが有利なのだ.(数学的思考には,いずれも重要な能力である「論理的な思考」,「分析的な思考」,「量を用いた推論」が含まれる.)というわけでわたしはこの本を,分析的な思考力を高めたい,高める必要があると考えているすべての人にとって役立つものにしようと考えた.学生のみなさんが論理的思考や分析的思考の基本を把握したうえでほんとうの意味での数学的思考を極めれば,少なくとも21世紀の市民が当然持っている強みに匹敵する強みを我が物とすることができる.すなわち,まごついたり挫折したり不可能に見えていた数学が,理解できて難しくはあるが「する」ことのできるものになるのである.

　わたしが大学ではじめて移行講座を受け持ったのは,

1970年代末のことだった．当時，英国のランカスター大学で教鞭を執っていたわたしは，1981年にはじめての移行用教科書，『集合，関数と論理』を刊行した＊．現在わたしが行っている移行講座は当時と異なる構成で，より広く「数学的思考」に焦点を当てており，当然この本も，かつての教科書とは違っている＊＊．従来型の移行講座や教科書がどのような原理に基づいて作られているのかはわたしも承知しているが，現在自分が受け持っている講座は——ということはこの本も——より幅広い読み手にとって役に立つものにしたいと考えている．（じっさい，形式的な数理論理学にはあまり時間を割かなくなった．論理学は数学的推論の便利なモデルだが——そもそも論理学が展開されたのはそのためだった——今となっては，論理学が論理的実際的な推論の力を付ける最良の方法だとは思えない．）このようなより広く社会的な見方をすることによって，わたしの講座は——そしてこの本も——大学の数学科の新入生が高校数学からの移行をうまく切り抜けるのに役立つだけでなく，推論の力を伸ばしたい人すべてにとって

＊　現在は第三版となっている．*Sets, Functions, and Logic: An Introduction to Abstract Mathematics*, Chapman & Hill, CRC Mathematics Series.

＊＊　そうはいっても，前の著作もこの新たな著作もわたし自身が開発した移行講座から生まれたものなので重なるところが多く，さらに，ほかの著者たちがまとめた移行用教科書とも部分的に重なっている．だがこの本の狙いは別のところにあって，ほかの移行用教科書とは異なるより広い読者を対象としている．

役立つものになっているはずだ．

　移行講座の教科書はどういうわけかひじょうに高価なことが多く，ときには100ドルを超えたりする．だがこれは，長くても一学期しか使わない本の値段にしては高すぎる．この本はほんの5〜7週間の移行講座用だから，経費を抑えるためにオンデマンド形式の自費出版にした．それでも，経験豊富なプロ数学教科書の編集者ジョシュア・D.フィッシャーに頼んで，草稿全体を細かく見てもらったうえで刊行することにした．この本が最終的にこのような形になったのも，ひとえに専門家であるジョシュアのおかげであり，心からありがたく思っている．

キース・デブリン
スタンフォード大学
2012年7月

この本について

親愛なる読者のみなさんへ,

わたしはこの本を,以下の二種類の読者を念頭に置いてまとめた. 1) 高校を卒業してこれから大学に進学し,数学か数学を使う分野を専攻したいと考えている(あるいは,専攻できる)人々. 2) どんな理由であれ,自分の分析的な思考力に磨きをかけたい(あるいは向上させる必要がある)と思っているすべての人々. いずれにしても,この本はある(きわめて強力な)思考方法を身につけるためのものである.

この本を読んだからといって,数学のさまざまな手順が身につくわけではなく,こちらからみなさんに数学的な手順を応用せよと求めるつもりもない. 確かに最後の章では数(初等的な数論と実解析の基礎)に焦点を当てるが,この本で取り上げたこれら二つの分野の「伝統的な」数学の素材はごくわずかで,数学者たちが(この本全体を通して記述されるはずの)分析的な思考力を時間をかけてじっくりと展開する際に役に立った素晴らしい例を,いくつか紹介しているだけのことなのだ.

19世紀を通して,より多くの一般市民がこのような分

析的な思考力を必要とするようになっていった．なぜなら社会が民主化して「フラット」になり，一人一人の市民が事業や社会で自主的に重要な役割を演じる機会や自由が増えた（し，今も増え続けている）からだ．現在の民主社会が提供する自身の成長や前進のチャンスをフルに活用したい人々にとって，優れた分析能力は未だかつてないほど重要になっているのである．

わたしは何十年も前から，大学(カレッジ)レベル*の（純粋）数学で成功を収めるうえで不可欠な思考パターンを教えたり本にまとめたりしてきた．ところが，15 年ほど前に産業界や政府のコンサルタントとしての活動を始めると，政界産業界の指導者からじかに，これらの講座や本のテーマである「数学的思考力」こそが部下の資質としてもっとも重要なのだと聞かされるようになった．政府の研究機関のトップや企業の CEO によれば，具体的にこれこれの技能を身につけた人材がほしいということはまずもってなく，むしろ分析的な思考に優れ，必要に応じてその都度具体的な技能を身につけられる人材が必要なのだという．

そこでわたしは，学術界と実業界におけるこの二つのまるで異なっているようでありながら間違いなくつながっている経験を踏まえて，この新たな本をより広い読者の手に届くものにしようと試みた．

ということで，ここからは，主として大学に入ろうとし

---

* この本のカレッジという言葉は，「カレッジないしユニバーシティー」を意味する〔日本語では大学という訳語を当てた〕．

ている，あるいは入学したてで（純粋）数学の講座を取らなくてはならない学生のみなさんに向けた前書きに切り替えたい．これからわたしが述べることが一般読者の皆さんにとって有益だとすれば，それは，現代の純粋数学を修得するうえで欠かせない数学的思考力が，まさに多くの職業や社会的な地位で成功するために必須の精神力そのものである，ということに尽きるが，その点については既にここまでで述べてある．

*

学生のみなさんへ，

みなさんにもすぐにわかるはずだが，高校数学から大学レベルの（純粋）抽象数学への移行は容易ではない．といっても数学が難しくなるからではない．じっさいこの移行に成功した学生は，大学の数学がいろいろな意味で簡単に感じられるという意見に賛成することだろう．多くの学生にとって問題なのは，すでにお話ししたように，力点が変わることなのだ．高校では，さまざまな問題を解く手順を身につけることが大きな目的だった．したがって数学を学習する過程も，いわば数学の料理本に書かれているレシピを読み，その作り方を身につけるような感じになる．これに対して大学では，それまでとは別の特殊なやり方——数学者のような思考法——で考える術を身につけることが目標になる．

（じつは，これは大学の数学の講座すべてに当てはまる

ことではなく，自然科学や工学の学生向けの講座は，高校数学の頂点とされる微分積分学と同じようなやり方で進められる場合が多い．ところが数学専攻のほとんどの講座では話が違ってくるし，自然科学や工学のより高等な仕事をしようとすると通常は数学専攻の講座を取る必要があるため，これらの分野の学生も「今までと違うタイプの」数学に直面している自分に気づくことになる．)

数学的思考とは，異なるタイプの数学ではなく，より広くて現代的な——とはいえ決してより薄められているわけではない——数学の見方のことなのだ．通常高校のカリキュラムでは数学的な手順に焦点が当てられて，その他の事柄はほぼ無視される．ところが学生のみなさんには，当初，大学の数学がまるで別の教科のように感じられる．少なくとも，数学の学部生になったばかりのわたしはそう感じた．数学（や数学を多用する物理などの分野）を学ぼうと思って大学に入ったのだから，高校の数学の成績はかなりよかったはずだが，それはつまり，手順を身につけてそれに従う（ことと，ある程度時間が制限されたなかでその手順を実行すること）が得意だったのであって，小学校から高校まではそれが良しとされ，称えられた．ところが大学に入ると，すべての規則ががらりと変わる．いやむしろ，はじめのうちは規則がないように，あるいは教授たちが規則を隠しているように思える．

なぜ，大学に入ると重点が移るのか．答えは簡単で，そもそも教育は，新たな技能を身につけてさまざまなことを

行う能力を磨くために行われるものなのだ．新たな数学的手順を身につける能力がある，ということがいったん示されてしまえば（みなさんはすでに高校でその力があることを示してきた），さらに同じようなことを行っても得るものはほとんどない．必要になったらいつでも新たな技術を身につけることができるはずなのだ．

たとえばピアノを習っている学生がチャイコフスキーの協奏曲を一つマスターすれば，あとはほんの少し練習するだけで——本質的に新しいことをまったく教わらなくても——チャイコフスキーの別の協奏曲を弾けるようになる．ここまでくればその学生の目標は，ほかの作曲家の作品をレパートリーに加えるとか，音楽の理解をさらに深めて自分で作曲できるようになる，といったことになるはずだ．

数学の場合もこれと同じで，大学では思考力を高めて，自分が標準的な手順を知らない新手の問題（実社会での現実の問題かもしれないし，数学や自然科学の問題かもしれない）を解けるようにすることが目標になる．ときには標準的な手順がまったく存在しない場合もあって，たとえばスタンフォードの大学院生だったラリー・ペイジとセルゲイ・ブリンが新たな情報探索の数学的手順を開発したときには，標準的な手順がどこにもなかったために結果として二人でグーグルを作り出すことになった．

別の言い方をすると（このほうが，なぜ数学的思考が現代社会でこれほど重要なのかがはっきりするだろう），大学に入るまでは「箱のなかで考える」術を身につけさえす

れば数学で成功できたのが，大学に入ると「箱の外で考える」術を身につけなければ数学で成功できなくなる．そして今日のほぼすべての大手雇用主が，この能力を働き手の資質として高く評価しているのである．

「移行教科書」や「移行講座」のご多分に漏れず，この本はまず第一に，みなさんが新たな問題，馴染みのテンプレートに当てはまらない問題へのアプローチ方法を身につけるのを助けるためのものである．つまりみなさんは，（与えられた問題について）どのように考えたらよいのかを学ぶのだ．

高校までの数学から大学数学へのこの移行をうまく乗り切るには，まず第一の鍵（鍵は二つある）として，適用すべき式や従うべき手順を探そうとするのをやめる必要がある．新たな問題に出会ったときに，教科書に載っているうまくいった例やユーチューブに投稿されたビデオなどのテンプレートを見つけ出して，その数だけを置き換えてみても，ふつうはうまくいかない．（そうはいっても大学数学の多くの部分で，また実社会での応用では，やはりこのようなやり方がうまくいく場合がある．だから，高校で学んだことがすべて無駄になるわけではない．ただしそれだけでは，大学のさまざまな数学の講座で必要となる新手の「数学的思考」にとっては不足がある．）

使えそうなテンプレートや数を入れられそうな式や適用できそうな手順を探してみても問題が解けない場合，みなさんはどうしますか．答えは——そしてこれが，第二の

鍵なのだが——「その問題について考える」．その問題の形ではなく（たぶん高校では形に注目しろといわれ，当時はそれが役立ったのだろうが），その問題がじつは何を述べているのかを考える．そういわれると，いかにも簡単なことのように思えるが，じつはほとんどの人が，初めはひどく難しく，じつにいらだたしく感じるものなのだ．みなさんも，これからそのような経験をすることになるはずなので，このような力点の変化にもちゃんと理由があるということを知っておいたほうがよいだろう．じつはこの変化は，数学の（現実世界への）応用と関係がある．詳しくは第1章で述べるとして，ここでは一つだけ例をあげておこう．

　数学を自動車の世界に例えると，高校までの数学は車の運転を学ぶことに相当する．これに対して大学の数学は，車がどのように機能し，どのように保守点検し，どのように修理すればよいのかを学ぶことにあたる．そしてこの分野をさらに深く掘り下げていくと，車を自力で設計し，制作できるようになる．

　この短い序文の締めくくりとして，この本を通して留意すべきいくつかのポイントを挙げておこう．

- この本を読むには，典型的な高校数学のカリキュラムを完了していれば（あるいは完了しつつあれば）十分である．（特に最後の章に）1, 2箇所，集合論の基本的な知識（主として集合の包含関係，和集合と共通部

分の記号と性質）が前提になっているところがあるが，この分野に馴染みがない方も，補遺を見れば必要な知識を得ることができる．

- 本を読んでいて先に進みにくいと感じる理由の一つに，まるで動機が皆無のように思われるということがあるのを，どうかお忘れなく．この本は，みなさんにもっと後になって登場するであろう数学的思考，みなさんがまだ知らない数学を打ち立てるための基礎を提供するためのものなのだ！　新たな思考法を得るためには，自助努力が欠かせない．
- 新たな概念や着想を「理解」することに集中する．
- 焦らない．身につけるべき新たな事実はごくわずか——なのは，この本の薄さを見ればわかる——だが，理解すべきことはたくさんある！
- できるだけ多くの練習問題に取り組むこと．すべて，みなさんの理解を助けるためのものなのだから．
- つまずいたときは，同級生や教師に話してみること．物事を自力で考えるにあたってひじょうに重要な「シフト」，重点の移行を我が物としている人はまれである．
- この本は自学自習のための教科書ではない，という点を強調しておきたい．講座で使うためのもの，誰かから学んだことを補うためのもの，教師以外の情報源からさらに情報を補う必要があると感じたときに参照する本なのだ．

- この本には練習問題がたくさん載っているので，それらの問題を自力で解くことを強くお勧めする．練習問題もまた，この本の欠かせない一部なのだ．ただし教科書と違って問題の答えが載っていないが，これは手落ちではなく，狙いがあってのことだ．数学的に考えることと答えを得ることは別物である（とはいえ，数学的な思考法が身につけば，手順についてのレシピにただ従うよりはるかに簡単に正しい答えが得られるようになる）．自分の理解が正しいかどうかが知りたくなったら——誰でも知りたくなるはずだが——誰かそのことをよく知っている人を探すこと．数学的な推論が正しいかどうかの判定には価値判断が関わってくるので，専門的な知識が必要だ．学生が一見正解のようでいてよく見ると誤っている答えに達することは，決して珍しくない．たしかにわたしが確実に答えを示せる問題もあるが，こちらとしては，高校までの数学から大学数学への移行を乗り切るうえで重要なのは，「答えを得る」ことではなくよく考えてみようとするその「過程」である，というきわめて重要なメッセージを強調したかった．
- できれば何人かで取り組むこと．高校では数学に一人で取り組むことが多いが，これは「すること」に焦点が絞られていたからで，移行用の素材を身につけるにはとにかく考えるしかない．それにアプローチとしても，自分の取り組みをほかの人と議論したほうが，一

人きりで学ぶよりはるかによい．仲間の学生が完成させた証明を分析し批評することによって，自分自身の学識や理解が大いに深まるのだ．
- どの節に取り組むときも，決して焦らないこと．たとえ一見簡単そうに感じられたとしても，焦らない*．この本全体が，大学レベルの数学のほかの部分（じつは，至るところ）で必要になる基本的な素材で構成されている．この本に載っていることはすべて，そのトピックが広く初心者の障害になるという理由で取り上げられているのだ（この点は，どうか信じてほしい）．
- あきらめない．世界中の学生が去年も，その前の年もやり遂げたことなのだから．わたしも，ずいぶん前にやり遂げた．だから，みなさんにもきっとやり遂げられる！
- あっ，そうそう，もう一言．慌てない！
- この本の目標が，新たな思考法，やがてみなさんも人生のさまざまな場面で役に立つということに気づくであろう思考法を理解して展開することにある，という点をどうかお忘れなく．
- 高校までの数学ではすることが重要だったが，大学の数学はざっくりいうと考えることが重要だ．
- 最後にもう一つ，ごく短い助言を．ゆっくり，じっくり，自分のペースで！

---

* そう，たしかに六つ前でも同じことを述べた．これもわざと繰り返しているのであって，これは重要なポイントだ．

では，幸運を祈る．

キース・デブリン
スタンフォード大学
2012 年 7 月

目　次

はじめに 3
この本について 7

第1章　数学とは何か … 23

1.1　計算だけではない … 26
1.2　数学における表記法 … 31
1.3　現代の大学レベルの数学 … 34
1.4　なぜこのようなことを学ばなければならないのか … 40

第2章　言葉を厳密に使う … 47

2.1　数学的な言明 … 51
2.2　論理結合子「かつ」,「または」,「でない」… 60
2.3　「ならば」… 72
2.4　量　化　子 … 96

第3章　証　　明 … 125

3.1　証明とは何か … 128
3.2　矛盾による証明 … 132
3.3　条件法の証明 … 138
3.4　量化子を含む言明の証明 … 143
3.5　帰納法による証明 … 148

第4章　数を巡る成果の証明 … 161

4.1　整　数 … 163
4.2　実　数 … 179
4.3　完　備　性 … 184

4.4 数　列 ……………………………………… 192
補遺　集 合 論 ……………………………………… 199

訳者あとがき　209
索　引　216

数学的に考える

問題発見と分析の技法

第1章 数学とは何か

高校までの学校教育でも数学がたっぷり時間をかけて教えられているにもかかわらず，そもそも数学とは何かということを伝える努力はほんのわずかしか（あるいはまったく）なされていない．そんなことよりも，数学の問題を解くためのさまざまな手順を習得して使うことに焦点が当てられているのである．これではまるで，「サッカーとは一連の動きを実行してゴールにボールを入れることである」と言葉で説明するようなもので，鍵となるさまざまな特徴を正確に述べてはいても，それが全体としてどういうものなのか，なぜそうなっているのかはわからない．

　カリキュラムで求められていることを考えると，こうなる理由もわかりはするが，それにしても，これは正しくない．とくに今日の世界では，すべての市民にとって，数学がどのような性質のものでどのような広がりを持ち，どのような力があっていかなる限界があるのかを知ることが重要な意味を持っている＊．わたしは長いあいだに，工学や物理学や計算機科学といった数学を多用する分野の学位，さらにはまさに数学の学位を持つたくさんの人々に出会ってきた．ところがこれらの人々からきいたところによる

＊　まだ「はじめに」を読んでおられない方は，どうか今すぐ目を通していただきたい．そこには，この章とこの本全体に深く関わることが述べてある．

と，高校までの教育でも大学レベルの教育でも，現代数学を構成しているものが全体としてどのようなものなのかという見通しはまったく与えられなかったという．ずっと後になってようやく数学という学問の本質を垣間見たり，数学が現代生活の至るところでさまざまな役割を果たしていることを実感したりする程度だったというのである*．

1.1 計算だけではない

今日の自然科学や工学で用いられている数学のほとんどが，たかだか300年から400年前にできたもので，まだできてから100年も経っていないものがたくさんある．ところが典型的な高校のカリキュラムはそれよりずっと前にできた数学で構成されていて，なかには2000年以上前にできた数学もある！

さて，ひじょうに古いものを教えること自体は別に悪いことではない．触らぬ神にたたりなし，下手に手を出すべからず，という格言もあるわけで……．8世紀から9世紀にかけてアラビア語圏の商人たちが交易事業をさらに効率的に行うために作り出した代数（代数を意味する英語のalgebraという単語の起源は「復元」とか「ばらばらな部分の再結合」を意味するアラビア語のal-jabrという言葉である）は，今も昔も変わらず重要であり有益だ．といっ

---

* 前ページの注を参照．

ても，今では中世の人々のように指を用いて計算するのではなく，スプレッドシートのマクロ機能を使って代数を行っているのだが……．しかし時は流れ，社会は前進する．その過程で新たな数学が求められ，やがてその要求が満たされる．そして教育もまた，このような変化に歩調を合わせる必要がある．

数学は数と計算術の発明をもって始まったといえよう．さらにこの二つは，一万年ほど前に貨幣が導入されたときに生まれたとされている（まさに，銭金とともに始まったらしい！）．

その後何百年かのあいだに，数学の守備範囲は古代エジプトやバビロニアの人々によって拡張され**，幾何学や三角法を含むようになった．これらの文明では，数学はおもに実用的なもので，いわば「レシピ本」だった（「ある数，あるいはある幾何図形にこれこれこういうことをすると，答えが得られる」）．

その後，紀元前 500 年頃から西暦 300 年頃まではギリシャ数学の時代だった．古代ギリシャの数学者たちは，とくに幾何学を高く評価していた．じっさい，彼らは数を幾何学的に長さの測定値として扱っていたために，自分たちの手持ちの数で処理できない長さが存在することがわかる

** たとえば中国や日本など，数学を展開した文明はほかにもある．しかしこれらの文化が生み出した数学は現代西欧の数学の発展には直接影響してこなかったようなので，ここでは取り上げない．

と（早い話が，無理数を発見すると），数の研究はおおむね中断されることとなった*．

じっさい，それまでは測定やものの数を数えたり金勘定をする技術の寄せ集めでしかなかった数学を一つの研究分野にしたのは，古代ギリシャの人々だった．紀元前500年頃にミレトス（現在はトルコ領）のタレス〔B.C. 624頃-B.C. 546頃〕が，正確に記述された数学的主張は形式に則った議論によって論理的に証明することができる，という考えを公にした．この新たな着想によって生まれた「定理」は，今や数学の基礎となっている．そしてギリシャの人々によるこのような形式に則ったアプローチはやがて実を結び，エウクレイデス〔B.C. 300頃〕の『原論』が発表された．ちなみに『原論』は，史上聖書に次いで広く普及した書物とされている**．

高校までの数学は，大まかにいってここまで紹介してきたすべての展開を基盤としていて，あとは17世紀に生まれた微積分学と確率論の二つが加わっている程度であ

---

* まことしやかに繰り返されている話によると，この事実を発見したギリシャの若き数学者は，その若者がたまたま見つけた恐ろしい知らせが外部に漏れてはまずい，という理由で海に連れて行かれて溺死させられたという．しかしわたしが知るかぎりでは，この風変わりなお話を裏付ける証拠はどこにも無い．すばらしい物語なのに，じつに残念！
** 今日の大量消費市場向けのペーパーバックの冊数を考えると，「広く普及している」という定義にその書物が出回っている年数を組み込むべきだろう．

る．つまり，ここ300年で誕生した数学は事実上教室に入ってきていないのだ．それなのに，現在世界で用いられている数学のほとんどは，過去300年どころかここ200年で展開されたものばかり！

その結果，高校までで教わる典型的な数学だけが数学だと思っている人々は，数学が今も世界中で盛んに研究されているとは思いもしないし，今日の暮らしや社会のほぼすべての場面に，数学がしばしばかなり重要なものとして浸透していることを理解していない．たとえば，彼らは米国でもっとも多くの数学の博士を雇っているのがどの組織なのかを知らない．（この答えが国家安全保障局〔NSA，国防総省の諜報機関〕であることはまず間違いないが，雇われている数学者の正確な人数は公式には秘密とされている．これらの数学者のほとんどが暗号解読に取り組んでおり，彼らの活動があればこそ，諜報部員たちはモニタリングシステムが傍受した暗号メッセージを読むことができる．少なくとも一般にはそう考えられているが，NSAはこの点に関しても口を閉ざしている．NSAが暗号解読に携わっていることは全米のほとんどの人が知っているはずだが，暗号解読に数学が必要だということを知っている人は少なく，そのためNSAが優秀な数学者を多数雇っているとは考えもしないのだ．）

数学的な活動は，とくにここ100年ほどの間に爆発的に増えた．20世紀初頭には，数学は数論，幾何学，解析学など約12の分野で構成されていると考えられてい

たが，今では数学の分野の数は——数え方にもよるが——60から70とされている．代数やトポロジーのようにさらに細かく分かれた分野もあれば，複雑系理論や力学系理論のようにまったく新たに生まれた研究領域もある．

このように数学が劇的に成長した結果，1980年代に入ると数学は新たに**パターンの科学**と定義されるようになった．この定義によると，数学者たちは数のパターンや形のパターン，動きのパターンや振る舞いのパターン，住民の投票パターンや偶然起きる事象の反復パターンなどの抽象的なパターンを識別し，分析する．扱うパターンは実体があるものでも想像上のものでも，目に見えるものでも頭のなかに描いたものでも，動的なものでも静的なものでも，性質についてのものでも量についてのものでも，実用的なものでも娯楽的なものでもかまわない．さらに，わたしたちの身の回りで生じるパターンでも，科学を探求した結果生じるパターンでも，人間の頭脳内部の働きから生じるパターンでもよい．そして以下の例のように，種類の異なるパターンからは，数学の異なる分野が生まれる．

- 数論では，数や計算のパターンについて調べる．
- 幾何学では，形のパターンについて調べる．
- 解析学では，動きのパターンを扱うことができる．
- 論理学では，推論のパターンについて調べる．
- 確率論では，偶然のパターンを扱う．
- トポロジーでは，近さや位置のパターンについて調べ

る.
- フラクタル幾何学では，自然界に見られる自己相似なパターンについて調べる.

1.2 数学における表記法

現代数学には，数学に疎い人の目にも明らかなある特徴がある．つまり，代数的な表現や，複雑そうに見える式や，幾何学的な図といった抽象的な表記を使うのだ．数学者が抽象的な表記に頼るのは，研究の対象であるパターン自体が抽象的だからである．

現実のどの側面を扱うかによって，それにふさわしい記述の形は違ってくる．地形を調べたり，見知らぬ町で誰かに道順を教えるときには，地図を書くのがいちばんで，文章は向かない．同じように，建物の建築を表すには線画（青写真）が，音楽を紙面で表すには音符が最適だ．そして，さまざまなタイプの抽象的で形式的なパターンや抽象的な構造を扱うには数学を使うのが一番で，数学的な表記法や概念や手順を用いて記述し，分析する．たとえば，足し算の交換法則を普通の言葉で書くと，

　　二つの数を加えるとき，その順序はどうでもよい

となるが，通常この法則は

$$m+n = n+m$$

とういふうに記号で表される.

このような単純な例では,記号で表したからといって別になにかよいことがあるわけでもないが,数学で扱われるパターンはきわめて抽象的で複雑なことが多く,記号以外のもので表そうとするとひどく面倒なことになる.そのため数学の発展と歩調を合わせるように,抽象的な表記が増えていったのだ.

現在のような記号を用いた数学を提唱したのは16世紀フランスの数学者フランソワ・ヴィエト〔1540-1603〕とされているが,世界最古の代数的な記号はすでにディオファントスの著作に登場していたらしい.ディオファントスは西暦250年頃にエジプトのアレキサンドリアで暮らしていた人物で,その『算術(Arithmetica)』全13巻(のうち,現存するのは計6巻のみ)は,広く世界初の代数の教科書とされている.具体的にいうと,ディオファントスは式に含まれる未知数やその累乗を特別な記号で表しており,引き算や等しいことを示す記号を使っていた.

最近の数学の本はまさに記号だらけだが,楽譜イコール音楽でないように,数学的な表記イコール数学ではない.楽譜は楽曲を表すものであって,音楽は,そこに書かれている音符を歌ったり楽器で奏でたりしたときに得られるものなのだ.音楽は演奏によって生きたものとなり,わたしたちの経験の一部になる.音楽は印刷された紙面ではなくわたしたちの心のなかにあるのであって,数学についても同じことがいえる.数学の本に載っている記号は,数学の

表現でしかない．有能な演奏者（この場合は数学の訓練を受けた人）が読むことによって，印刷物に載っている記号に息が吹き込まれ，数学自体が読み手の頭のなかでまるで抽象的な交響曲のように息づくのだ．

　もう一度繰り返すと，数学で抽象的な表記法が使われるのは，数学の力を借りて確認したり調べたりするパターンが抽象的だからである．たとえば数学は，目に見えない宇宙のパターンを理解するのに欠かせない．ガリレオは1623年に次のように述べている．

> 自然という偉大な書物を読むことができるのは，そこに書かれている言語がわかる者だけである．そしてその言語は，数学なのだ．*

　じっさい，物理的な現象や過程を数学のレンズを通して見た宇宙として正確に記述することができる．

　一つだけ例を挙げると，わたしたちが数学を使って物理法則を定式化し理解したからこそ，今日飛行機で旅することができるのだ．頭上を飛ぶジェット機をいくら眺めてみても，飛行機を支えているものはどこにも見あたらない．飛行機を浮かせておく目に見えない力を「見る」には，数学が必要なのだ．この場合の目に見えない力は17世紀にアイザック・ニュートン〔1642-1727〕によって確認され，さらにニュートンはこれらの力を調べるのに必要な数

＊　『偽金鑑識官』．これは，よく引用されるガリレオ自身の言葉の言い換えである．

学を作り出した．そしてその後数百年にわたって技術が進歩したおかげで，（その間に開発されたたくさんの数学によって強化された）ニュートンの数学を用いて，実際に飛行機を作ることができるようになった．数学の力を示す我がお気に入りの物語はたくさんあって，これはそのうちの一つの実例にすぎない．**数学は，見えないものを見えるようにするのである．**

1.3 現代の大学レベルの数学

以上のような数学の発展史のあらましを踏まえたうえで，いよいよ，現代の大学数学がなぜ高校までの数学と根本的に異なるものになったのかを説明しよう．

数学者たちはすでにずいぶん前から数学の研究対象を数（と数を表す代数的記号）ではないものへと押し広げていたのだが，それでも 150 年ほど前までは，相も変わらず数学は計算に関する学問だと考えていた．つまり数学に熟達しているということは，本質的に計算を行ったり記号で表現されたものを操作したりして問題を解く力があるということを意味していたのだ．大まかにいうと，高校数学の構成は今もほぼこの古い伝統を踏襲している．

ところが 19 世紀に入ってさらに複雑な問題に取り組みはじめた数学者たちは，数学に関するこのような従来の直観が研究の指針にならない場合があることに気がついた．直観に反する（そして時には矛盾をはらんだ）結果を目の

当たりにして，自分たちが現実世界の重要な問題を解くために展開してきた手法がときには説明不可能な結果をもたらすことを悟ったのだ．たとえばバナッハ－タルスキのパラドックス〔定理とも〕によると，原理の上では，球を一つ取って来てうまく切り分け，組み立て直して元とまったく同じ大きさの二つの球を作ることができる．ここで使われている数学は正しいから，たとえバナッハ－タルスキの結果がわたしたちの想像に反していても，事実として受け入れざるを得ない．

やがて数学が，数学を通してしか理解できない領域へとつながっていることが明らかになってきた．数学者たちは，数学を用いて発見した（ものの，ほかの手段では確認できない）事柄を信用してもよいという確信を得るために，数学の手法を外ではなく内に向けて，数学という学問自体を調べ始めた．

これらの内省がきっかけとなって，数学者たちは 19 世紀半ばにそれまでとは別の新たな「数学」の概念を受け入れることとなった．その新たな数学では，もはや計算を行ったり答えを導いたりすることは主な目標ではなく，抽象的な概念や関係を系統立てて説明し理解することが目的とされた．数学の力点が，行うことから理解することに移ったのだ．数学が研究するのはもはや主として式で与えられる対象ではなく，概念上の資質を担う対象であるとされた．そして証明も，規則に従って式を変形する作業ではなく，概念から出発して論理的な演繹を行う過程とされたの

である.

　この革命——と呼ぶにふさわしい出来事だった——によって,数学者たちは自分たちの学問をまったく別の目で見るようになった.ところがそれ以外の人々にとっては,このような変化はまったく無いも同然だった.プロの数学者でない人々がこの変化を最初に感じたのは,このような観点が強調された結果,学部のカリキュラムに影響が出始めたときのことだった.大学の数学科の学生のみなさんがこの「新たな数学」との最初の出会いから時計を逆に巻き戻して犯人捜しをしようとすると,ルジューヌ・ディリクレ〔1805-1859〕,リヒャルト・デデキント〔1831-1916〕,ベルンハルト・リーマン〔1826-1866〕といった数学者と,この新たなアプローチの先触れとなった人々を責めることになるはずだ.

　では,皆さんがこれから経験するはずのことを少し先取りして,このような変化の例を一つあげてみよう.19世紀までの数学者たちにとって,任意の数 x から新しい数 y を生み出す関数は $y = x^2 + 3x - 5$ といった式で定められたものだった.ところがそこに革命的なディリクレが登場して,式など忘れて,関数が入力 - 出力の振る舞いとの関係で行うことだけに集中すべきだと主張した.ディリクレによると,関数は古い数から新しい数を作り出す規則でありさえすればよく,別にその規則が代数式で定められていなくてもかまわない.じっさい,注目する対象を数に限定する理由はどこにもない.ある種の対象物を取り上げて,

そこから新しい対象物を作る規則でありさえすれば、どんなものでも関数でありうる.

この定義に従うと、実数上で次のような規則によって定義されるものも、正当な関数だということになる.

x が有理数なら $f(x) = 0$ で,

x が無理数なら $f(x) = 1$ である.

この怪物を、グラフで表してご覧なさい！

数学者たちは、式ではなくその振る舞いによって定まるこのような抽象的な関数の性質を調べはじめた. たとえば、問題の関数は出発点となる値が異なれば必ず異なる答えを生み出すのか（この性質は**単射性**と呼ばれている）といったことを調べるのだ.

このような抽象的で概念的なアプローチは、とくに実解析と呼ばれる新たな分野、関数の連続性や微分可能性といった性質をほかと切り離して研究する分野の展開に多くの実りをもたらした. フランスやドイツの数学者たちは、連続性や微分可能性を定義する「ε-δ（イプシロン・デルタ）論法」を展開したが、この論法は今でもひどく習得しづらいトピックとして、微積分学の準備講座を終えてさあ数学を学ぼう！ という新入生たちを苦しめている.

1850年代に入ると今度はリーマンが、式ではなくその微分可能性によって複素関数を定義した. 式はそれほど重要ではないというのだ.

ドイツの有名な数学者カール・フリードリッヒ・ガウス

〔1777-1855〕が定義した**剰余類**も——みなさんは代数の講座で遭遇することになるはずだが——今日では標準となったアプローチの先駆けだった．そのアプローチでは，数学的な構造はある種の操作を付与された集合として定義され，その振る舞いは公理によって規定される．

デデキントはガウスの衣鉢を継いで，**環**，**体**，**イデアル**などの新たな概念を詳しく調べていった．これらはすべて，ある種の演算が付与された対象の集まりとして定義されていたのである．（みなさんも，微積分学の準備講座のすぐ後でこれらの概念に出会うはずだ）．

そしてさらに，たくさんの変化があった．

革命にはよくあることだが，19世紀のこの変化も，その源は主な登場人物が姿を現すはるか以前にあった．古代ギリシャの人々がたんなる計算としてではなく概念を巡る尽力としての数学に関心を示していたことは確かで，17世紀には微積分学のもう一人の発明者であるゴットフリート・ライプニッツ〔1646-1716〕も，この二つのアプローチに関する考察を深めていた．そうはいっても19世紀までの数学のほとんどが，主として問題解決の手順を集めたものとされていたのは事実だった．だがこの革命以降の数学の概念にどっぷり浸かって育ってきた現在の数学者にすれば，19世紀には革命だったこともただの数学でしかない．革命の熱が冷めてほぼ忘れられているとしても，それが完璧な革命で広く影響をもたらしたことは事実であって，この本の舞台もそれによって設定された．なぜなら本

書の主な目的は，この新たな現代数学という世界に足を踏み入れる際に欠かせない基本的な知的ツールをみなさんに提供すること（あるいは少なくとも，数学的思考を身につけること）にあるのだから．

今や微積分以降の大学レベルの数学では19世紀以降の「数学」の概念が優位に立っているにもかかわらず，高校の数学への影響はそれほど大きくなかった．だからこそ，移行のための本が必要なのだ．一時，この新たなアプローチを高校までの教室に持ち込もうとする動きがあった．実際，1960年代に「新しい数学」運動が始まったのだが，これはまさに大失敗で，その企てはじきに放棄されることとなった．なぜ挫折したのかというと，この革命のメッセージが，一流大学の数学科から高校に伝わる間にひどくゆがめられたからである．

1800年代半ばより前の数学者と後の数学者は，いずれも計算と理解がともに重要だと考えていた．19世紀の革命で何が変わったかというと，どちらが数学の本質でどちらが派生的，というか，支える側にまわるのかという力点が移っただけのことだった．ところが残念なことに1960年代の全米の学校教師の多くが，「計算技能は忘れて，概念だけに集中せよ」というメッセージを受け取ったのだ．このばかばかしくも悲惨な戦術に対して，皮肉屋（で数学者〔でシンガー・ソングライター〕）のトム・レーラー〔1928-〕は，「ニュー・マス（新しい数学）」という自作の歌で「重要なのは方法で，正解が出なくても気

にしない」と当てこすった．そして悲惨な数年が過ぎるころには，「ニュー・マス」（と呼ばれてはいても，既に100年以上の歴史があったことに注意！）はほぼ学校教育の教授細目から消えていたのだった．

自由社会における教育政策の立案の性質からいって，近い将来にこのような変化が起こることは――たとえ2度目は正しく行われる可能性があったとしても――まずありえない．それに，（少なくともわたしには）このような変化が一般に好ましいことなのかどうかもよくわからない．教育界では（明確な証拠がないせいで，議論が熱を帯びるのだが），人間の精神は抽象的な数学的存在を用いた計算をある程度習得したときに，はじめてそれらの性質に関する推論が可能になる，と主張されているのである．

1.4 なぜこのようなことを学ばなければならないのか

すでにはっきりしたと思うが，19世紀に「数学とは計算なり」という観点から「数学とは概念なり」という観点への移行が起きたのは，数学の専門家の世界に限ってのことだった．プロとしての数学者の関心はまさに数学そのものの本質にあったが，日々の仕事で数理的な手法を用いるほとんどの科学者やエンジニアにとっては，今も当時もそれまでとまるで変わらない．計算（して正しい答えを得ること）はあいかわらず重要で，それどころか計算はかつ

てないほど広く使われている.

その結果, 数学者のコミュニティーに属さない人々の目には, この変化が焦点の移動ではなく数学的な活動の拡大のように映る. 大学の数学科の学生たちは, ただ問題解決の手順を身につけるだけでなく, 今ではその元になっている概念を我が物とし, 自分たちが用いている方法の正当性を説明することまで求められているのだ.

そこまで求めることが, はたして理に適っているのか. プロの数学者——新たな数学を展開して, その正当性を保障することを仕事とする人々——にとっては, そうやって概念を理解することが必要である. それにしても, 数学が単なる道具でしかないような職業（たとえば工学）に就きたいと思う人までが, なぜそのようなことをしなくてはならないのか.

その答えは二つあって, いずれもまったく正しい（ここで種明かし：答えは二つあるように見えるだけで, さらに深く探っていくと, じつはこの二つが同じであることがわかる）.

まず, 教育は, 単にその先の職業人生で必要となる特定の道具を獲得するためのものではない. 人間の文明が作り出した最大の創造物の一つである数学は, 自然科学や文学や歴史や芸術と並んで教えられるべきものであって, われわれの文化の宝石は, そうやって次の世代に伝えられていくのだ. ヒトは, その仕事と追い求めるキャリアのみにあらず. 教育はその先の人生に向けた準備であり, 特定の仕

事のための技能を獲得することは，そのごく一部でしかないのである．

この第一の答えが正しい理由をこれ以上並べ立てるまでもないだろう．ということで，仕事に必要な道具に関する第二の答えに移る．

数学の能力を必要とする仕事がたくさんあることに疑いの余地はない．じっさい，ほとんどの産業のほぼすべてのレベルで，案外多くの数学の素養が求められている．仕事を探すなかで自分に数学の素養が不足していることを知って，はじめてこのことに気づく人は多い．

わたしたちは長年にわたって，産業社会が進展すれば数学に強い労働力が必要になるという事実に慣れてきた．ところがさらに細かく見ると，そのときに求められる数学的技能に2種類あることがわかる．第一のカテゴリーは，数学の問題（つまり，すでに数学の用語を使って定式化されている問題）を与えられたときに，その数学的な解を見つける能力．そして第二のカテゴリーは，製造業などで新たな問題を見つけ，数学の視点でその問題の鍵となる特徴を確認して記述し，その数学的な記述を用いて問題を厳密なやり方で分析する能力だ．

これまでは，前者の技能がある人々の需要がきわめて高く，後者の才能を求める声はあまり多くなかった．ちなみに大学における数学の教育過程は，大まかにいうとどちらのニーズにも合っている．大学の数学教育では常々主として第一種の人々を育てることに焦点が当てられてきたが，

そこには必ず第二種の作業に秀でた人々が含まれていた. したがって, 終わりよければすべてよし! だったのだが, 今日の世界では, 企業は絶えず技術を革新していないと事業自体の存続が危うくなる. というわけで, 第二種の数学的思考を行える人——つまり数学の箱のなかではなく外で考えられる人々——の需要が増えてきた. こうして突然, 終わりはよろしくなくなった.

さまざまな数学的技法を身につけた人々は, この先もずっと必要とされ続けるだろう. 彼らは長時間一人で仕事をすることができて, 具体的な数学の問題に深く集中する. そして大学の教育システムには, これらの人々の成長を支える義務がある. しかし21世紀には, 第二種の能力を求める声がさらに大きくなるはずだ. このような能力の持ち主を形容する言葉はまだ存在しないので (「数学の力がある」とか「数学者」といった言葉は, 広く第一種の技能を身につけた人を指す), ここで**革新的な数学的思考者**という呼び方を提案したい.

この新たなタイプの人々は (といっても, 新しいわけではなく, これまで誰も彼らにスポットライトを当ててこなかっただけの話なのだが), なによりも数学のなんたるか, その力と守備範囲, 数学がいつどのように使えるのか, 数学の限界といった概念をきちんと理解している必要がある. そのうえで, 基本的な数学の技能をきちんと身につけていなくてはならない. そうはいっても, 第一級の技能習得者である必要はない. チーム——往々にして分野の垣根

を越えたチームで仕事ができること，物事を新たな視点で見られること，必要とされる新たな技術を素早く身につけて駆使できるようになること，古い手法を新しい状況にみごとに適合させられることのほうがはるかに重要だ．

どのような教育を施せば，そのような人々を育てることができるのか．そのためには，数学のすべての技法の裏に潜む概念に関する思考に集中する必要がある．ここで，「誰かに魚を一尾渡せば，その日の糧とするだろう．釣り方を教えれば，その人は一生食べていけるだろう」という古いことわざを思い出していただきたい．21世紀を生きる人々のための数学教育に関しても，同じことがいえる．すでにきわめて多様な数学的技法があるうえに，絶えず新たな技法が開発されており，高校までの教育でこれらすべてをカバーすることはまず不可能だ．大学に入ったばかりの学生がやがて卒業して実社会に出る頃には，大学時代に学んだ具体的な技法の多くが陳腐になり，新たな技法が大流行している可能性もある．したがって教育は，学び方を学ぶことに集中すべきなのだ．

数学がどんどん複雑になってきたために，19世紀の数学者たちは，計算の技能からそれらの技能を支える基本的で概念的な思考力へと焦点を移す（お好みなら，広げるといってもよい）こととなった．そしてその150年後の今日，より複雑な数学の力もあって社会が変化したために，今度はプロの数学者のみならず数学を学んで現実世界で使おうとしているすべての人にとって，このような焦点の移

行が重要になってきた.

　というわけでみなさんにも，19世紀の数学者たちがなぜ数学研究の焦点を移すことになったのかという理由だけでなく，どうして1950年代以降概念を用いた数学的思考を身につけることが大学の数学科の学生に求められるようになったのかをおわかりいただけたことと思う．つまりみなさんは，大学で移行講座を取らねばならない理由を理解したうえで，おそらく今からこの本を読み進むことになる．ここまでの話で，このような移行講座に今自分が直面している大学の数学の講座を生き延びるという直近の必要以外にもご自分が人生を歩むうえで大きな意味がある，ということを実感していただけたのならよいのだが．

第2章　言葉を厳密に使う

全米黒色腫財団の 2009 年の概況報告書には，次のように書かれている．

> 1 人のアメリカ人がおよそ 1 時間ごとに悪性黒色腫(メラノーマ)で命を落としている．
> (One American dies of melanoma almost every hour.)

数学者はこのような文を見ると，決まってクスッと笑うか，ため息をつく．別に，人命が失われるという悲劇を思い遣れないわけではなく，この文を文字通りに解釈すると，全米黒色腫財団の意図とはまるでかけ離れた意味になるからだ．書かれていることをそのまま解釈すると，アメリカ人の X さんがいて，一瞬で生き返るという素晴らしい能力はさておき，じつに不幸なことに毎時間メラノーマで命を落としている，ということになる．全米黒色腫財団の広報官は，

> およそ 1 時間ごとに 1 人のアメリカ人がメラノーマで命を落としている．
> (Almost every hour, an American dies of melanoma.)

と書くべきだったのだ．このような言葉の誤用はかなり広

く見られ，正直いってもう誤用とは呼べないほどだ．最初の文を読んだ誰もが，二番目の文の意味だと思い込む．このような言い回しは話し言葉の特徴で，仕事柄正確な物言いを求められる人や数学者を別にして，ほとんどの人は，冒頭の文を文字通り読み取るとばかげた主張になることに気づかない．

　書き手や話し手が日常的な文脈で日々の状況について書いたり話したりするために言葉を使う場合は，ほぼ確実に読み手や聞き手がこの世界に関する（とくに書かれたことや語られたことについての）知識を共有している．そしてそれらの知識を手がかりに，書かれたことや話されたことの意味を判断する．ところが数学者（や科学者）が仕事で言葉を使う場合には，共通の理解が皆無だったりごく限られていたりすることが多い．そのため全員が，一から意味を発見しなくてはならなくなる．そのうえ数学では正確さが最優先なので，数学者が言葉を使って数学する場合は，その言葉の文字通りの意味だけが頼みの綱になる．だから当然，自分が書いたり述べたりすることの文字通りの意味を知っている必要があるのだ．

　かくして広く大学の数学科の新入生向けに，言葉を正確に使えるようにするための集中講義が開かれることになる．自分たちが日々使っている言葉の豊かさや広がりを考えると，これはひどく膨大な仕事になりそうな気もするが，数学で用いられる言語はごく限られているので，じつはそれほどたいした作業ではない．この講座で唯一困難な

のは，学生たちが日々の生活で馴染んでいるだらしない表現をすべて退けて，きわめて窮屈で正確な（どちらかというと紋切り型の）書き方や話し方を身につけなければならないという点だ．

2.1 数学的な言明

現代の純粋数学では，おもに**数学的な対象**に関する**言明**〔命題とも〕を扱う．

数学が対象とするのは整数や実数や集合や関数などで，数学的な言明とは，たとえば次のようなものである．
 (1) 素数は無限に存在する．
 (2) いかなる実数 a に対しても，$x^2+a=0$ は実数の根〔実根とも〕を持つ．
 (3) $\sqrt{2}$ は無理数である．
 (4) $p(n)$ が自然数 n 以下の素数の個数を表しているとき，n がひじょうに大きくなると，$p(n)$ は $n/\log_e n$ に近づく．

数学者たちはこのような言明に興味を持つだけでなく，なによりも，どの言明が真でどれが偽なのかを知りたいと思う．たとえば今の例では，(1)，(3)，(4) は真だが (2) は偽である．それぞれの言明が真か偽かは，自然科学のように観察や測定や実験で確認するのではなく，証明によって示される．ちなみに，証明については後ほど述べるつもりだ．

(1) が真であることは,ユークリッドによるとされている巧妙な論証によって証明できる*.どうするかというと,素数を小さい方から順番に

$$p_1, p_2, p_3, \cdots, p_n, \cdots$$

と並べたときに,その列が永遠に続くことを示すのだ(じっさいに,素数を小さい方からいくつか上げてみると,$p_1=2, p_2=3, p_3=5, p_4=7, p_5=11, \cdots$ となる).

まず,この列の n 番目までの素数,

$$p_1, p_2, p_3, \cdots, p_n$$

を考える.そのうえで,他にもこの列に付け加えられる素数があることを示す.n を特定の値にしないでこの事実を示すことができれば,そこからすぐに,この列が無限に続くといえる.

そこで,ついさっき列にした n 個の素数をすべて掛け合わせ,その積に 1 を加えた値を N とする.

$$N = (p_1 \cdot p_2 \cdot p_3 \cdot \cdots \cdot p_n) + 1$$

この N が,元の列のどの素数よりも大きいことは明らかだ.したがって,今かりに N が素数であれば,p_n より大きな素数があることがわかり,この列がさらに続くということができる(といっても,決して N が p_n の次の素

---

* その証明では第 4 章で紹介する素数に関する基本的な事実を使うが,ほとんどのみなさんはその事実に馴染んでいるはずだ.

数だと主張しているわけではない．じっさい，N は p_n よりはるかに大きいので，次の素数だとは考えにくい）．

さて，もしも N が素数でなかったらどうなるか．その場合，$q < N$ であるような素数 q があって，N はこの q で割り切れるはずだ．ところが $p_1, \cdots, p_n$ のどれを持ってきても N を割り切ることはできない．なぜなら N をこれらの数で割ると必ず 1 が余るからだ．したがって q は p_n より大きくなければならない．こうしてこの場合にも，p_n より大きな素数があることがわかる．したがって，先ほどの列はさらに続くことになる．

今の議論は n の値とまったく無関係に成立するから，素数は無数に存在するといえる．

例（2）が偽であることは，簡単に証明できる．実数の 2 乗は決して負にならないから，$x^2 + 1 = 0$ という方程式には実数の根がない．そして，$x^2 + a = 0$ が実数の根を持たないような a の値が少なくとも一つ（$a = 1$）ある以上，(2) は偽であるといえる．

(3) の証明は，後ほど紹介する．また，これまでにわかっている (4) の証明はいずれもひじょうに複雑で，このような導入用の教科書の範疇を超えるので，ここでは触れない．

ある言明が真か偽かを証明するにしても，何よりもまずその言明の内容を正確に理解している必要がある．数学はきわめて厳密な学問分野だから，数学の表現にはどこまでも正確さが求められるのだ．というわけで，わたしたちの

前に早くも困難が立ちはだかる．というのも言葉はややもすれば曖昧になり，実生活で正確に使われることは希であるからだ．

とくに日常生活において言葉を使う場合には，その意味を文脈から推し量ることが多い．アメリカの人が「7月は夏だ」といえば真になるが，オーストラリアの人が同じことをいったら偽になる．どちらの言明でも「夏」という言葉の意味は同じ（つまり，1年のうちのもっとも暑い3カ月間を指しているの）だが，この言葉が1年のうちのどの期間を指しているかは，アメリカとオーストラリアで違うのだ．

さらにもう一つ例を挙げると，「小さな齧歯類」といったときの「小さな」という言葉の意味と，「小さな象」といったときの「小さな」という言葉の意味は（大きさの点で）異なる．小さな齧歯類が小さな動物であることにはたいていの人が賛成するはずだが，小さな象はとうてい小さな動物とはいえない．「小さな」という単語で表される寸法の幅は，この単語がどのような名詞を修飾するかによってまるで違ってくる．

わたしたちは，日々の生活のなかで書かれていることや語られていることに接すると，前後の関係やこの世界に関する一般的な知識や生活に関する一般的な知識を駆使してそこに書かれていない情報や語られていない情報を補うことによって，曖昧さからくる誤解を防ぐ．

たとえば，次のような記述を正しく理解するには，背景

となる事情に関する情報が必要だ.

- 男はオペラグラスを手に座っている女を見た.

オペラグラスを手にしているのは男なのか女なのか.

新聞は大急ぎで作られることが多く,その曖昧な見出しから,書き手の意図とは異なる面白い意味を読み取れることがある.ここで,わたし自身が長年集めてきたお気に入りの例を紹介しよう.

- 3年前に賃借した名画を紛失
- 娼婦ら,法王に謝意を伝える
- 目抜き通りに大きな穴.市当局が手を入れる
- 人気のない海岸に巨大彫刻出現

ふだん使っている言葉を(各単語の意味を正確に定義して)系統立てて正確なものにすることはとうてい不可能だ.それに,そのような手間をかけるまでもない.なぜならたいていの場合,背景となる事情や知識に基づいてうまく解釈することができるのだから.

ところがこと数学となると,話はまるで違ってくる.なんといっても正確であることが重要で,曖昧さを取り除くのに必要な知識を関係者全員が等しく持っているとはとうてい考えられないからだ.それに,数学で得られた結果はよく自然科学や工学に使われるから,曖昧さが残っていたために意思疎通に支障が出たりすると,結果として高くつくどころか,致命的なことにもなりかねない.

はじめのうちは，数学において言語を十分正確に使うことがきわめて難しいと感じるかもしれない．だがありがたいことに，数学に登場する言明は特殊でひじょうに限られているので，このような作業が可能になる．数学の鍵となる言明（公理，推論，仮説，定理など）はいずれも，

(1) 対象物 a には性質 P がある．
(2) T というタイプのすべての対象に，性質 P がある．
(3) T というタイプの対象であって，性質 P を有するものが存在する．
(4) A という言明が成り立てば，B という言明が成り立つ．

という四つの言語形式のうちのどれかの肯定ないし否定か，またはこのような形をしたいくつかの言明を「かつ (and)」，「または (or)」，「でない (not)」という言葉（結合子）でつないで組み合わせたものになっているのだ．

たとえば，

(1) 3 は素数である．／10 は素数でない．
(2) 多項式で表されたどの方程式にも複素数の根〔複素根とも〕が一つはある．／多項式で表されたどの方程式にも必ず実根があるとは限らない．
(3) 20 と 25 の間には素数がある．／2 より大きい偶数の素数は存在しない．
(4) p が $4n+1$ という形をした素数であれば，p は二つの平方の和になっている．

といった具合だ．

ちなみに、最後に挙げた $4n+1$ の形をした素数に関する言明は、ガウスの有名な定理である．

数学者がふだんの研究で使う言明は、これらの形式をよりなめらかな言い回しで表現したもので、たとえば「すべての代数方程式が実根をもつわけではない」とか、「2 以外の偶数は素数ではない」というふうに表現される．だが、それらはあくまで (1) から (4) のバリエーションなのだ．

どのような数学的な言明でもこれらの単純な形のいずれかを用いて表すことができるということに最初に気づいたのは、どうやら古代ギリシャの数学者たちであったらしく、彼らはそこに含まれている「かつ (and)」、「または (or)」、「でない (not)」、「ならば (含意, implies)」、「すべての (for all)」、「任意の (there exists)」という用語を体系的に調べはじめた．これらの鍵となる言葉に広く受け入れられる意味を与えて、その振る舞いを分析したのである．数学の形式に関するこのような研究は、今では**形式論理学**とか**数理論理学**と呼ばれている．

数理論理学はきちんと確立された数学の分野であって、大学の数学科や計算機科学科や哲学科や言語学科で研究されたり使われたりしている．（アリストテレスやその弟子、さらにはストア派の論理学者が最初に古代ギリシャで行っていた研究と比べると、はるかに複雑だ．）

数学の移行講座やその教科書のなかには、数理論理学のもっとも基本的な部分を手短に概観しているものがある

（かつて筆者がまとめた『集合，関数と論理』にも，そのような章があった）．しかし，論理学抜きでは数学的思考をマスターできない，というわけでもない（じつは，プロの数学者の多くは数理論理学についてほとんど何も知らない）．だからこの本ではあまり形式張らずに，それでいて厳密なやり方をしたいと思う．

練習問題 2.1.1

1. $p_1, p_2, p_3, \cdots, p_n, \cdots$ がすべて素数であるときに，$N = (p_1 \cdot p_2 \cdot p_3 \cdot \cdots \cdot p_n) + 1$ が必ずしも素数にはならないことを示すにはどうすればよいか．

2. 「男がオペラグラスを手に座っている女を見ている」という文と意味が同じで，しかも意味が曖昧でない（が自然に響く）文を，オペラグラスを男が持っている場合と女が持っている場合の二通り作りなさい．

3. 先ほど述べた四つの曖昧な見出しを，意図しなかったおかしな意味を生じさせない簡潔な形に書き換えなさい．
 (a) 3年前に賃借した名画を紛失
 (b) 娼婦ら，法王に謝意を伝える
 (c) 目抜き通りに大きな穴．市当局が手を入れる
 (d) 人気のない海岸に巨大彫刻出現

4. 病院の緊急救命室の壁に，次のような張り紙がしてある．

     軽微な頭部損傷，無視すべからず．

意図しない二つ目の意味を避けられるように，文を書き直しなさい（この文の文脈は非常に強いので，ほかの意味があることに気づかない人が多い）．

5. 学校に次のような標語が貼ってあった．

おちこんでいたらはげます．

この文の二つの意味を書いて，意図しない二つ目の意味を避けられるように書き直しなさい．

6. 英語の公式の文書には，一番下に次のような文だけが書かれた空白のページがあることが多い．

This page intentionally left blank.
（このページはわざと空白にしてある．）

この文が述べていることは真か．なぜこのような言明がされているのか．この文をどのように変えれば，真であるか否かを巡る論理的な問題を避けることができるのか．（ここでも全体の状況からいって，じっさいは誰もがこの文が本来意図している意味の通りに理解するので，特に問題は生じない．しかし数学では，20世紀の初頭にこれと似た文を定式化したために，ある著名な数学者の独創的な仕事が台無しになり，やがて数学のある分野全体を巻き込む深刻な革命が起きることとなった．）

7. 巷にある文のなかから，額面通りに受け取ったときの意味が（明らかに）筆者の意図とずれている例を三つ見つけ（て引用し）なさい（これはみなさんが思っているよりはるかに簡単な問題で，曖昧な文は至るところにある）．

8. 「今日は気温が暑い」という文についてどう思うか，考えを述べなさい．こういった言い回しはよく耳にするし，誰にでもその意味がわかる．しかし数学でこのようにずさんな形で言葉を使うと，悲惨なことになる．

2.2 論理結合子「かつ」,「または」,「でない」

(数理的な場面において) 言葉をより正確に使うためには, まず重要な繋ぎの言葉「かつ (and)」,「または (or)」,「でない (not)」を曖昧さのない正確な形で定義しなければならない (このほかの「ならば (含意, implies)」,「同値 (equivalent)」,「すべての (for all)」,「任意の (there exist)」といった言葉はいささか扱いに注意を要するので, 後ほど取り上げる).

「かつ (and)」という結合子

まず, 二つの主張を組み合わせて, それらがともに成り立つことを主張する言明を作ることが可能であってほしい. たとえば, π が3より大きく, かつ (and), 3.2 より小さい, と主張したい場合があるかもしれず, それには「かつ (and)」という言葉が欠かせない.

また, 記号だけを用いて表現するために, 「かつ (and)」の略号を使う場合がある. もっとも広く使われているのは $\wedge$ と & だが, この本では前者を使う. したがって,

$$(\pi > 3) \wedge (\pi < 3.2)$$

と書かれていたら,

$$\pi は 3 より大きく, かつ, \pi は 3.2 より小さい$$

という意味になる．さらに言いかえると，π は 3 と 3.2 の間にある．

「かつ」という言葉を使う場合，混乱が生じる恐れはまったくない．ϕ と ψ が二つの数学的言明なら，

$$\phi \wedge \psi$$

は，ϕ と ψ の共同の主張（真であるかもしれないし偽であるかもしれない）になる．$\wedge$ という記号はウェッジ〔くさび〕と呼ばれるが，$\phi \wedge \psi$ は通常「ϕ かつ ψ」と読む．

$\phi \wedge \psi$（あるいは $\phi \& \psi$）という共通の主張を ϕ と ψ の**連言**（または**論理積**），ϕ と ψ はそれぞれ**連言肢**と呼ばれる*．

ϕ と ψ がともに真なら，$\phi \wedge \psi$ も真であることに注意しよう．ところが ϕ と ψ のどちらか一つ，あるいは両方が偽だと，$\phi \wedge \psi$ も偽になる．言い換えれば，この連言が真であるためには，連言肢が両方とも真でなければならないのだ．これにたいして連言が偽であるためには，どちらか片方の連言肢が偽であればよい．

---

* このように，自分たちが数学で用いる言葉や概念を論じるために形式的に定義された用語を導入することは広く行われており，正確を期そうとすると，どうしても合意された専門用語を使うことになる．法律的な契約でも同様に，丸々一節を費やしてさまざまな用語の意味を規定している場合が多い．

ちなみに数学者は，二つの言明の連言を特別な記号を使って表すことがある．たとえば実数を扱うときには，通常，

$$(a < x) \wedge (x \leqq b)$$

と書かず，

$$a < x \leqq b$$

と書く．

練習問題 2.2.1

1. 「連言という数学的概念は日常の言葉における "and" の意味をきちんと押さえている」という言明は真か偽か．自分の答えを説明しなさい．

2. 以下の記号で表された言明をできるだけ整理して，その結果を標準的な記号で表しなさい（記号に慣れていない方のために，最初の問題の答えを書いておく）．
  (a) $(\pi > 0) \wedge (\pi < 10)$ （答え：$0 < \pi < 10$）
  (b) $(p > 7) \wedge (p < 12)$
  (c) $(x > 5) \wedge (x < 7)$
  (d) $(x < 4) \wedge (x < 6)$
  (e) $(y < 4) \wedge (y^2 < 9)$
  (f) $(x \geqq 0) \wedge (x \leqq 0)$

3. 上の問題2で整理した言明を，それぞれ言葉に直しなさい．

4. $\phi_1 \wedge \phi_2 \wedge \cdots \wedge \phi_n$ という連言が真であることを示すには，どのような筋道を立てればよいか．

5. $\phi_1 \wedge \phi_2 \wedge \cdots \wedge \phi_n$ という連言が偽であることを示すには，どのような筋道を立てればよいか．

6. $(\phi \wedge \psi) \wedge \theta$ と $\phi \wedge (\psi \wedge \theta)$ のどちらか片方が真でもう片方が偽ということがあり得るか．それとも，連言でも結合律〔結合の順序が変わっても結果は変わらないという法則〕が成り立つのか．あなたの答えを裏付けなさい．

7. 以下のどれがもっともありそうか．

(a) アリスはロックスターで，かつ，銀行で働いている．

(b) アリスは物静かで，かつ，銀行で働いている．

(c) アリスは物静かで引っ込み思案で，かつ，銀行で働いている．

(d) アリスは正直で，かつ，銀行で働いている．

(e) アリスは銀行で働いている．

答えの決め手が無いと思うのなら，そう答えること．

8. 以下の表で，T は真を，F は偽を表す．左の 2 列には，二つの言明 ϕ と ψ の考え得る T と F の値の組み合わせがすべて列挙してある．3 列目には，ϕ と ψ が左の T や F の値を取ったときの $\phi \wedge \psi$ の真偽値が入ることになる．この最後の列を埋めなさい．このようにして作られた表を，（言明の）「真理表」という．

ϕ	ψ	$\phi \wedge \psi$
T	T	?
T	F	?
F	T	?
F	F	?

「または (or)」という結合子

次に,「Aという言明が真か, または, Bという言明が真」という主張ができるようであってほしい. たとえば,

$$a > 0, \text{ または } x^2 + a = 0 \text{ が実根を持つ}$$

とか,

$$a = 0 \text{ または } b = 0, \text{ ならば } ab = 0$$

と主張したい.

この二つの単純な例を見ただけで, 曖昧さが生じる可能性があることがわかる. なぜならこの二つの例では,「または (or)」の意味が異なっているからだ. 最初の主張では, 二つの事柄が同時に起こる可能性は皆無で, この文の最後に「……のいずれか」という言葉を付け加えても, 文の意味は変わらない. ところが二つ目の例では, aとbが同時にゼロになる可能性がある*.

ところが数学では,「または (or)」のような広く使われる言葉であっても, 意味が曖昧になることは許されない. したがってわたしたちは,「または」が排他的な意味なのか, それとも同時に起きることを許す包含的な意味なの

---

* 第二の文に「……のいずれか」という言葉を付け加えたとしても, aとbが同時にゼロになる可能性はなくならない. なぜなら「……のいずれか」という言葉は, 最初の主張のように両方が同時に起きる可能性がないことが既にわかっている言明で, 同時には起きないという排他性を強めることしかできないからだ.

2.2 論理結合子「かつ」,「または」,「でない」

か,二つのうちの一つを選ぶ必要がある.だが,じつは包含的な意味を採用したほうが便利であることがわかる.そのため数学では,「または (or)」という言葉は常に両立を許す包含的な意味で使われる.ϕ と ψ が数学的な言明である場合に,「ϕ または ψ」という言明は ϕ と ψ のうちの少なくともどちらかが正しいことを主張するのである.この両立を許す包含的な「または (or)」は,

$$\vee$$

という記号で表される.したがって,

$$\phi \vee \psi$$

は,ϕ と ψ の少なくともどちらか片方が真であることを意味する.$\vee$ はヴィー〔またはヴェル〕と呼ばれるが,数学者は通常 $\phi \vee \psi$ を「ϕ または ψ」と読む.

さらに,$\phi \vee \psi$ は ϕ と ψ の**選言**,ϕ と ψ はその**選言肢**と呼ばれる.

選言 $\phi \vee \psi$ が真であるには,ϕ と ψ のどちらか一つが真であればよい.たとえば,次の(かなりばかげた)言明は真である.

$$(3 < 5) \vee (1 = 0)$$

これはいかにもばかげた例だが,ここでちょっと立ち止まって,この言明が数学的に意味を持つだけでなく実際に真でもある,という理由をきちんと理解できているかどう

か，ご自身に問うてみていただきたい．ばかげた例は，油断ならない概念を理解するのに役立つ場合が多い．そして選言言明は，じじつ油断がならないのである．

練習問題 2.2.2

1. 以下の記号で表された言明をできるだけ整理して，標準的な記号を使って表しなさい．（もうみなさんは，表記になじんでいるはずだ．）
   (a) $(\pi > 3) \vee (\pi > 10)$
   (b) $(x < 0) \vee (x > 0)$
   (c) $(x = 0) \vee (x > 0)$
   (d) $(x > 0) \vee (x \geqq 0)$
   (e) $(x > 3) \vee (x^2 > 9)$

2. 問1で整理した言明を，それぞれ言葉で表しなさい．

3. $\phi_1 \vee \phi_2 \vee \cdots \vee \phi_n$ が真であることを示すには，どのような筋道を立てればよいか．

4. $\phi_1 \vee \phi_2 \vee \cdots \vee \phi_n$ が偽であることを示すには，どのような筋道を立てればよいか．

5. $(\phi \vee \psi) \vee \theta$ と $\phi \vee (\psi \vee \theta)$ のどちらか片方が真でもう片方が偽ということがあり得るか．それとも，選言でも結合律が成り立つのか．自分の答えを裏付けなさい．

6. 以下のどれがもっともありそうか．
   (a) アリスはロックスターであるか，または，銀行で働いている．
   (b) アリスは物静かで，かつ，銀行で働いている．
   (c) アリスはロックスターである．
   (d) アリスは正直であり，かつ，銀行で働いている．
   (e) アリスは銀行で働いている．
   答えの決め手がないと思うのなら，そう述べること．

7. 次の真理表の最後の列を埋めなさい．

ϕ	ψ	$\phi \vee \psi$
T	T	?
T	F	?
F	T	?
F	F	?

「でない (not)」という結合子

数学の言明には，往々にして否定——つまり，ある言明が偽であるという主張——が含まれている．

ψ を任意の言明だとすると，

$$\psi \text{でない}\ (\text{not}\ \psi)$$

は，ψ が偽であることを主張している．これを ψ の**否定**という．

したがって，ψ が真の言明であれば ψ の否定は偽の言明で，ψ が偽の言明なら ψ の否定は真の言明になる．今日，否定の記号としては，

$$\neg \psi$$

がもっとも広く使われているが，古い本では $\sim \psi$ が使われている場合がある．

ときには，¬ を特別な記号で表すことがある．たとえば，

$$\neg(x = y)$$

ではなく，もっと馴染みのある

$$x \neq y$$

を使うのだ．それでいて，

$$a \not< x \not\leqq b$$

とは書かずに

$$\neg(a < x \leqq b)$$

と書く．なぜなら，$a \not< x \not\leqq b$ では曖昧になるから（曖昧でなくすることは可能だが，そうするとかなり不細工な形になるので，数学者は $\neg$ を使った表記を用いる）．

　数学で否定を使う場合にはもっとも一般的な用法に従うことになっているが，日常会話では否定がひどく漫然と使われる場合があるので注意が必要だ．たとえば，

$$\neg(\pi < 3)$$

という言明の意味を間違えることはまずなくて，明らかに

$$\pi \geqq 3$$

を意味している．ちなみにこれは，

$$(\pi = 3) \lor (\pi > 3)$$

と同じである．だが，

　　　　　　　外車はすべて作りが悪い．

という言明があったとして，この言明の¬はどうなるのか．たとえば，以下の四つのうちのどれかなのか．
　（a）外車はすべて作りがよい．
　（b）すべての外車は作りが悪くない．
　（c）少なくとも一台の外車は作りがよい．
　（d）少なくとも一台の外車は作りが悪くもない．

　初学者は間違えて（a）を選ぶことが多い．だがこれがまちがいであることは，容易にわかる．まず，元の言明が偽であることは確かだ．したがってその言明の否定は真であるはずだが，（a）はどう見ても真でない！（b）も真ではない．となると，現実をよく考えることによって，もしも今挙げた四つのなかに正しい答えがあるのであれば（c）か（d）だといえる（後ほど，正式な数学の推論によって（a）と（b）を除外する方法を見ていく）．

　じつは，（c）も（d）も元の言明の否定になっているといえる．（作りのよい外国車がありさえすれば，（c）と（d）が真だという証拠になる．）ではみなさんは，このうちのどちらが元の言明の否定により密接に対応していると考えますか．

　後でまたこの例に戻るつもりだが，ここでひとまず話題を変える前に，元の言明が外国車だけに関する記述だったということに注意しておこう．ということは，その否定も

また外国車だけに関する記述であるはずだ．つまりこの言明の否定は，国産車にはいっさい触れていないはずなのだ．たとえば，

すべての国産車は作りがよい．

という言明は，もともとの言明の否定になり得ない．じっさい，元の言明が真か偽かを知っていたとしても，この言明の真偽の判断にはまるで役に立たない．この文ではたしかに国産車が外車の否定になっているものの，わたしたちが否定したいのはこの主張全体であって，そこに登場する一つの名詞ではないのだ．

　さて，これでみなさんにも，なぜ数学で言葉を使う前にその言葉の使用法をきちんと分析しておくことが重要なのか，その理由が理解できたことと思う．今述べた車の例では，各言明の真偽を判別するにあたって，現実世界に関する知識を活用することができた．ところが相手が数学となると，往々にして背景に関するこちらの知識が不足しており，自分が書き下した言明しかわかっていないこともある．

練習問題 2.2.3

1. 以下の記号で表した言明をできるだけ整理して，標準的な記号を用いた表示に直しなさい．（表記法には，もう慣れているはずだ．）

(a) $\neg(\pi > 3.2)$

(b) $\neg(x < 0)$

(c) $\neg(x^2 > 0)$

(d) $\neg(x = 1)$

(e) $\neg\neg\psi$

2. 問1で整理して得られたものを,すべて言葉で表しなさい.

3. $\neg\phi$ という否定が真であるということを示すのと,ϕ が偽であるということを示すのは同等か.理由とともに説明しなさい.

4. 次の真理表の右の列を埋めなさい.

ϕ	$\neg\phi$
T	?
F	?

5. D を「ドルは強い」という言明,G を「元は強い」という言明,T を「新しい米中貿易合意に署名がされた」という言明として,以下の(架空の)新聞の見出しの骨子を論理記号で表しなさい(論理記号は事実をきちんと押さえはするものの,自然言語のニュアンスや推定の多くが抜けることに注意).その答えに至った経過を説明できるようにしておくこと.

(a) どちらも強いドルと元

(b) ドル安を受けて貿易合意は不成立

(c) 新たな貿易合意によるドル安と元高

(d) ドル安なら元高に

(e) 新貿易合意は元高につながらず,依然ドル高

(f) ドル高と元高は両立せず

(g) ドル高と元高の両立は新たな貿易合意の署名により不可能に

(h) ドル,元の下落は新たな貿易合意でも止まず

(i) 米中貿易合意失敗するも,両通貨は依然高止まり

(j) 新たな貿易合意がどちらを利するかは不明

6. 米国の法律では，検察が有罪を証明できなかった場合に「無罪」の評決が下る．これはもちろん，現実にあった事実として被告に「罪がない」という意味ではない．この状況は，わたしたちが数学的な意味で「でない (not)」を使う場合と正確に対応しているか．（「無罪」と「¬ 有罪」は同じことを意味しているのか．）「証明されていない」と「¬ 証明された」ではどうか．

7. $\neg\neg\phi$ の真理表は明らかに ϕ 自体の真理表と同じで，このためこの二つはまったく同じ真理を主張する．だが日常生活での否定では，必ずしもそうではない．たとえば，「あの映画は不愉快ではなかった」といったとしよう．形式的な ¬ でいうと，これは ¬(¬ 愉快だった) になるが，ここでは明らかに，その映画が愉快だったといいたいわけではない．じっさいには，かなり消極的な意味なのだ．では，これまで取り上げてきた形式的な枠組みのなかで，どのようにすればこのような言語の用法を捉えることができるのか．

2.3 「ならば」

さてと……ここから事態は微妙になる．しばらくは，頭が混乱することを覚悟していただきたい．数日のうちには，この概念が自然に頭のなかに落ち着くはずだから．

数学では，

$$\phi \text{ ならば } \psi \qquad (*)$$

という形の表現にしばしば出くわす．

「ならば (implies)」を使うと，当初の観察や公理から出発して言明を立証することができる．このときの，(*)

の形をした主張の意味が問題だ．

この言明が次のような意味だと考えても，不当ではないだろう．

> もし ϕ が真であれば，
> ψ もまた真でなければならない．

だが，ここでこの言明が意味する内容を法律家のような慎重な言い回しで述べたということ自体が，この言葉の扱いの難しさを示している．

ϕ を「$\sqrt{2}$ は無理数である」という真の主張（真であることは後で証明する）だとして，ψ が「$0 < 1$」という真の主張だとしよう．このとき，(∗) は真だといえるのか．言葉を変えると，「$\sqrt{2}$ が無理数なら，0 は 1 より小さい」ということになるのか．むろんそんなことはない．これら二つの言明 ϕ と ψ のあいだには，意味のある関係はまったくない．

ここで鍵になるのが，「ならば (implies)」には因果関係がついて回る，という事実だ．「かつ (and)」や「または (or)」は因果関係と無縁だった．まるで無関係な二つの言明の連言を作ろうが選言を作ろうが，まったく問題なかったのだ．たとえば次のような言明の真偽を簡単に判別することができた．

(ユリウス・カエサルは死んだ) $\wedge$ ($1+1=2$)
(ユリウス・カエサルは死んだ) $\vee$ ($1+1=2$)

（ここでも，微妙な点を不真面目な例で説明する．数学は現実の状況に適用されることが多いので，数学と現実世界の二つの領域を組み合わせた言明に出くわす可能性が大なのだ．）

したがって，「かつ」，「または」，「でない」という言葉の正確な意味を受け入れさえすれば，全体を構成している各言明の意味はまったく無視してその真理値（つまり，その言明全体が真か偽か）だけに集中することができた．

もちろんそのためには，これらの言葉に日常生活で使われるときとは少し違った意味を与えなければならない場合があった．「または」は排他的ではなく包含的な「または」であるとし，また，「でない」の場合には法廷の「証明されていない」という評決に通じる最小限の解釈を受け入れる必要があったのだ．

「ならば（implies）」の場合も，これまでと同じアプローチを取る必要がある．つまり，まったく曖昧なところのない，真偽のみによって定まる意味を与えるのだ．ただしこの場合はさらに強く出て，混乱がいっさい生じないように，「ならば（implies）」とは別の言葉を使う必要がある．

さきほども指摘したように，「ϕ ならば ψ」というと，ϕ が ψ の原因になる，ψ を引き起こすという意味が含まれてしまうところが問題なのだ．そのため，ψ の真偽は ϕ の真偽に従うことになるが，**真偽だけでは，「ならば（implies）」という単語の意味を完全に押さえたことにならない**．というよりも，かすってもいない．そこで，ほん

2.3 「ならば」

とうにその意図があるのでない限り,「ならば (implies)」という言葉は使わないことにする.

かくして,ここでは「ならば (implies)」が表す含意 (implication) の概念を,真偽と因果の二つの部分に分けることにする.真偽の部分は,一般に**条件法** (conditional) ——ときには**質料含意**——と呼ばれる.したがって,

$$\text{「ならば」} = \text{条件法} + \text{因果関係}$$

という関係が成り立つ.そのうえで,条件法の演算子を $\Rightarrow$ という記号で表すことにする.つまり,

$$\phi \Rightarrow \psi$$

は,「ϕ ならば ψ」の真偽の部分を表しているのだ.

(現代数理論理学の教科書では一般に $\Rightarrow$ ではなく $\rightarrow$ という矢印が使われているが,みなさんがこれから数学を学ぶなかで出会うであろう関数についての表記と混同しないように,ここでは条件法をどちらかというと古風な二重矢印の記号で表すことにする.)

$$\phi \Rightarrow \psi$$

という形の表現はすべて**条件法**(または仮言言明)と呼ばれ,ϕ を条件法の**前件** (antecedent),ψ を**後件** (consequent) という.

条件法の真偽は,前件と後件の真偽の関係のみによって完全に定まる.つまり,$\phi \Rightarrow \psi$ という条件法が真か偽か

は，ϕ と ψ の真偽だけによって決まり，ϕ と ψ のあいだに意味のある関係が存在するかどうかとはまったく無関係なのだ．

このようなアプローチがなぜ有益かというと，「ϕ ならば ψ」というちゃんと意味がある（そして因果関係もある）ほんものの包含では，常に条件法 $\phi \Rightarrow \psi$ とその含意が一致するからだ．

言葉を変えれば，わたしたちが定義した $\phi \Rightarrow \psi$ という表記は，ほんものの含意がある場合は常に「ϕ ならば ψ」をきちんと押さえている．しかもわたしたちのこの表記は，ϕ と ψ の真偽はわかっていてもこの二つの間に意味のある関係がまったくない場合までカバーしているのだ．

ここでは含意の概念のきわめて重要な側面である因果関係を無視するので，この定義は，直観に反するどころかまったくばかげた結果をもたらしかねない（だけでなく，実際にばかげた結果をもたらす）．ただし，それは真の含意がない場合に限られる．

というわけで，次のような真理表を完成するために，規則を定める必要がある．

ϕ	ψ	$\phi \Rightarrow \psi$
T	T	?
T	F	?
F	T	?
F	F	?

第一の規則は簡単だ．「ϕ ならば ψ」というほんものの

正しい含意があるのなら，ϕ が真なら ψ も真といえる．
したがって，この表の 1 行目はすべて T である．

ϕ	ψ	$\phi \Rightarrow \psi$
T	T	T
T	F	?
F	T	?
F	F	?

練習問題 2.3.1

1. 真理表の 2 行目を完成させなさい．
2. 自分の答えが正しいと考える理由を説明しなさい．

*

真理表の 2 行目を完成させる前に（つまり，今の練習問題の正解を明らかにする前に，――ということは，みなさんはこの先を読むまえに練習を終わらせる必要がある――）1 行目を完成させたときにわたしたちが行った選択がどのような結果をもたらすのかを見てみよう．

$N > 7$ が真だとわかっていれば，$N^2 > 40$ は真だと結論できる．表の 1 行目によると，

$$(N > 7) \Rightarrow (N^2 > 40)$$

は真である．これは，ほんものの含意，つまり「$N > 7$ ならば $N^2 > 40$」が正しいという事実とぴったり一致している．

では、ϕ が「ユリウス・カエサルは死んだ」という真の言明で、ψ が「$\pi>3$」という真の言明だったらどうなるか。表の第1行から、

$$(\text{ユリウス・カエサルは死んだ}) \Rightarrow (\pi > 3)$$

の真理値は T である。

もちろん現実世界では、「ユリウス・カエサルが死んだ」という真の事実と、「π は 3 より大きい」という真の事実はまったく無関係である。で、それがどうかしましたか？ 条件法は、因果関係はおろか何か意味がある関係を捉えているといったことは、まるで主張していない。(ユリウス・カエサルは死んだ) $\Rightarrow (\pi > 3)$ の真偽が問題になるのは、条件の $\Rightarrow$ を「ならば」の含意だと解釈したときに限られる。$\phi \Rightarrow \psi$ が常にきちんと定義された真理値を持つ(ことは、数学では重要な性質だ)ように定義したことの代償として、条件法から定義がもたらすものだけを読み取ることに慣れる必要があるのだ。

ということで、条件法の真理表を埋める作業を続けよう。もし ϕ が真で ψ が偽なら、ϕ が ψ をほんとうに含意することはできない。(なぜか。なぜならほんとうの含意なら、ϕ が真のときは、自動的に ψ も真であるはずだから。) したがって ϕ が真で ψ が偽なら、ほんものの含意は偽でなくてはならない。よって $\phi \Rightarrow \psi$ という条件法は偽となり、表は次のようになる。

ϕ	ψ	$\phi \Rightarrow \psi$
T	T	T
T	F	F
F	T	?
F	F	?

練習問題 2.3.2

1. 真理表の 3 番目と 4 番目の行を埋めなさい．
2. その理由を述べなさい．

(この後すぐに 3 番目と 4 番目の行を取り上げるので，それまでに今の練習問題をすませておくこと．)

*

ここで改めて，「ならば」の含意を巡る議論の冒頭に戻って，これまでの議論をすべて読み直していただきたい．些細なことで大騒ぎしているように見えるかもしれないが，ここまでの議論全体が，数学の基本的概念の正確な定義を提示する際に行わなければならない作業の典型になっている．

単純な（そしてしばしばばかげた）例を用いてきたので，皆さんにはすべてが無意味なゲームのように感じられたかもしれないが，その結果はきわめて重要だ．今度飛行機に乗る際には，自分たちの命がかかっている航空管制システムのソフトウェアに，今までに取り上げてきた $\wedge, \vee, \neg, \Rightarrow$ といった形式概念が用いられているというこ

とをぜひとも意識していただきたい．さらにいえば，それらのソフトウェアが信頼できるものになっているのは，一つには，そのシステムが真偽の定まらない数学的言明に金輪際出くわさないからなのだ．人間であるみなさんは，すべてが意味をなす場合の $\phi \Rightarrow \psi$ の形の言明だけを気にするが，コンピュータのシステムには「意味をなす」という概念が存在しない．コンピュータが扱っているのは真偽の二値論理であって，コンピュータシステムにとって重要なのは，すべてが常に正確に定義されていて，具体的な真理値が定まることなのだ．

因果関係に関するあらゆる疑問を無視することにいったん慣れてしまえば，前件が真の場合の条件法の真理値はかなりわかりやすくなる．（わかりやすいと感じられない方は，ぜひもう一度ここまでの議論を読み直していただきたい．わたしがお勧めすることには，ちゃんと理由があるのだから！）これに対して，表の最後の2行，つまり前件が偽である場合はどうなのか．

その場合は，含意の概念ではなく，その否定を考える．「『ϕ ならば ψ』でない」という言明の，因果関係と無関係な真理値の部分だけを抽出して，

$$\phi \not\Rightarrow \psi$$

と書くことにする．

このとき，ϕ と ψ のあいだに意味のある因果関係があるか否かという疑問はすべて棚上げして，とにかく真理値

2.3「ならば」

だけに集中したとすると,「『ϕ ならば ψ』でない」という言明の真偽をどうやって確かめればよいのか. さらに厳密にいうと, $\phi \not\Rightarrow \psi$ という言明の真偽は, ϕ と ψ の真偽によってどのように変わるのか.

じつは真理値についていうと, ϕ が真でありながら ψ が偽であれば,「ϕ ならば ψ」は成り立たない.

今の文をもう一度読んでみてほしい. さらに, もう一度. よろしい. では先を続けよう*.

そこで, $\phi \not\Rightarrow \psi$ を, ϕ が真で ψ が偽の場合に限って真だと定義する.

$\phi \not\Rightarrow \psi$ の真偽をこのように定義すると, あとはその否定を取ることで, $\phi \Rightarrow \psi$ の真偽を定めることができる. 条件法 $\phi \Rightarrow \psi$ は, $\phi \not\Rightarrow \psi$ が偽のときに限って真になるのだ.

この定義をよく調べてみると, $\phi \Rightarrow \psi$ は, 以下のいずれかが成り立つときに真になることがわかる.

(1) ϕ と ψ が両方とも真
(2) ϕ が偽で ψ が真
(3) ϕ と ψ がどちらも偽

したがって, 完成した真理表は次のようになる.

---

* よく考えてみると, 念のため, 4回読むべきかもしれない.

ϕ	ψ	$\phi \Rightarrow \psi$
T	T	T
T	F	F
F	T	T
F	F	T

この表について注意すべき点は次の通り．

(a) わたしたちがここで定義しているのは，「ならば」の含意が意味することの一部だけを押さえた概念（つまり条件法）である．

(b) 定義は，困難を避けるために真偽の概念だけに基づいて行った．

(c) この定義は，すべての意味がある含意についてのわたしたちの直観と一致する．

(d) 前件が真の場合の定義は，ほんものの含意の真理値の分析に基づいている．

(e) 前件が偽の場合の定義は，「『ϕ ならば ψ』でない」という概念の真理値の分析に基づいている．

要するに，条件法をこのように定義したからといって，（因果関係があるほんものの）含意の概念と矛盾する概念を作ることにはならない．むしろ，（ほんものの）含意を拡張した概念——含意が不適切（前件が偽）だったり，無意味（前件と後件の間にほんとうの関係がないよう）な場合をもカバーする概念——が得られるのだ．ϕ と ψ に何か関係がある，つまり意味をなしており，しかも ϕ が真の場合——表の最初の2行に相当する場合——には，条

件法の真理値は現実の含意の真理値と一致する.

この概念が常にきちんと定義された真理値を持っているからこそ, 条件法という概念が数学において重要なのだということをしっかり覚えておいていただきたい. なぜなら数学の世界では, (航空管制システムと同じように!) 真理値の定まらない言明がふわふわと漂っていることは許されないのだから.

練習問題 2.3.3

1. 以下のどれが真でどれが偽か.
(a) $(\pi^2 > 2) \Rightarrow (\pi > 1.4)$
(b) $(\pi^2 < 0) \Rightarrow (\pi = 3)$
(c) $(\pi^2 > 0) \Rightarrow (1 + 2 = 4)$
(d) $(\pi < \pi^2) \Rightarrow (\pi = 5)$
(e) $(e^2 \geqq 0) \Rightarrow (e < 0)$
(f) ¬(5 は整数) $\Rightarrow (5^2 \geqq 1)$
(g) (半径 1 の円の面積 = π) $\Rightarrow$ (3 は素数)
(h) (正方形には三つの辺がある) $\Rightarrow$ (三角形には四つの辺がある)
(i) (象は木に登れる) $\Rightarrow$ (3 は無理数である)
(j) (ユークリッドは 7 月 4 日に生まれた) $\Rightarrow$ (長方形には四つの辺がある)

2. 71 ページの練習問題 2.2.3 の 5 と同様, D は「ドルは強い」という言明, G は「元は強い」という言明, T は「新しい米中貿易合意に署名がされた」という言明とする. 以下の(架空の)新聞見出しの主な内容を論理記号で表現しなさい(論理記号は真偽を押さえはしても, 自然言語が持っているさまざまなニュアンスや推測などは押さえていないことに注意). 前の問題と同

じように，なぜそうなるのかを説明しなさい．
  (a) 新たな貿易合意がもたらす双方の通貨高．
  (b) 貿易合意の署名と元高によるドル安へ．
  (c) 新たな貿易合意により，ドル安と元高が．
  (d) ドル高は元安の別名．
  (e) 新たな貿易合意によるドルと元の強い絆．
 3. 次の真理表を完成させなさい．

ϕ	$\neg\phi$	ψ	$\phi \Rightarrow \psi$	$\neg\phi \vee \psi$
T	?	T	?	?
T	?	F	?	?
F	?	T	?	?
F	?	F	?	?

 注意：¬ は算術や代数の −（マイナス）と同じ規則に従う．したがって $\neg\phi \vee \psi$ は $(\neg\phi) \vee \psi$ と同じである．
 4. 上の表からどのような結論を導くことができるか．
 5. 次の真理表を完成させなさい（$\phi \not\Rightarrow \psi$ は，$\neg(\phi \Rightarrow \psi)$ とも書けることを思いだそう）．

ϕ	ψ	$\neg\psi$	$\phi \Rightarrow \psi$	$\phi \not\Rightarrow \psi$	$\phi \wedge \neg\psi$
T	T	?	?	?	?
T	F	?	?	?	?
F	T	?	?	?	?
F	F	?	?	?	?

 6. 上の表からどのような結論が得られるか．

*

 含意と密接に関係しているのが，同値の概念である．ϕ

と ψ がお互いに相手を含意しているとき、この二つの言明は（**論理的に**）**同値**だという。条件法との関係で定義されたこれとよく似た形式概念に**双条件法**があって、これは

$$\phi \Leftrightarrow \psi$$

で表される（現代の論理学の教科書では $\phi \leftrightarrow \psi$ と書かれている）。双条件法は、正式には次のような連言の略号として定義される。

$$(\phi \Rightarrow \psi) \wedge (\psi \Rightarrow \phi)$$

今、条件法の定義に戻れば、ここから双条件法 $\phi \Leftrightarrow \psi$ は、ϕ と ψ が両方とも真か、両方とも偽であるときに真で、ϕ と ψ のどちらか片方が真でもう片方が偽であるときに偽であることがわかる。

二つの論理表現が双条件的で同値であることを示すには、それらの真理表が同じであることを示すのも一つの方法だ。たとえば $(\phi \wedge \psi) \vee (\neg \phi)$ という表現を考えて、その真理表を1列ずつ組み立てると、次のような結果が得られる。

ϕ	ψ	$\phi \wedge \psi$	$\neg \phi$	$(\phi \wedge \psi) \vee (\neg \phi)$
T	T	T	F	T
T	F	F	F	F
F	T	F	T	T
F	F	F	T	T

このとき右端の列は、$\phi \Rightarrow \psi$ の右端の列と同じになる。

したがって，$(\phi \wedge \psi) \vee (\neg \phi)$ は $\phi \Rightarrow \psi$ と双条件的に同値になる．

さらに，基本的な言明を三つ以上含む表現，たとえば三つの言明を含む $(\phi \wedge \psi) \vee \theta$ の真理表を書くこともできるが，言明が n 個含まれていると真理表の欄が 2^n 行必要になるので，$(\phi \wedge \psi) \vee \theta$ では 8 行になる！

練習問題 2.3.4

1. 先ほどの主張——$\phi \Leftrightarrow \psi$ は，ϕ と ψ がどちらも真かどちらも偽のときに真で，ϕ と ψ のいずれか片方だけが真のときには偽になるという主張——を裏付ける真理表を作りなさい．（表で立証するには，それぞれの結合子に対して $\phi \Leftrightarrow \psi$ の項目がどのように作られるのかを示す列を作る必要がある．)

2. 真理表を作って，

$$(\phi \Rightarrow \psi) \Leftrightarrow (\neg \phi \vee \psi)$$

が ϕ および ψ のあらゆる真理値について真であることを示しなさい．このように，真理値がすべて T になるような言明のことを，「**論理的に妥当だ**」とか，「**トートロジー（恒真式）である**」という．

3. 真理表を作って，

$$(\phi \not\Leftrightarrow \psi) \Leftrightarrow (\phi \wedge \neg \psi)$$

がトートロジーであることを示しなさい．

4. 古代ギリシャの人々は，数学の言明を証明するための推論の基本的な規則を定式化した．前件肯定式（modus ponens）と呼ばれるその規則によると，ϕ が真であり，$\phi \Rightarrow \psi$ が真であることがわかっていれば，ψ が真だと結論できる．

(a)

$$[\phi \wedge (\phi \Rightarrow \psi)] \Rightarrow \psi$$

の真理表を作りなさい.

(b) なぜ (a) で得られた真理表から前件肯定式が正しい推論の規則だといえるのかを説明しなさい.

5. 2を法とする剰余〔モジュロとも〕演算では数は0と1だけで, この二つは通常の算術の規則のほかに, $1+1=0$ という規則に従う.(これは, デジタルコンピュータの1ビット・ロケーションで行われている算術である.)このときに, 次の表を完成させなさい.

M	N	$M \times N$	$M+N$
1	1	?	?
1	0	?	?
0	1	?	?
0	0	?	?

6. 問題5で得られた表の1をT, 0をFと見なし, M と N を言明と見なす.

(a) × に対応する論理結合子は, ∧ と ∨ のどちらか.

(b) + に対応するのはどの論理結合子か.

(c) ¬ は −(マイナス)に対応しているか.

7. 次に0をT, 1をFと見なして問題6と同じことを行うと, どのような結論が得られるか.

8. 次のパズルは, 1966年にピーター・ウェイソンという心理学者が考えたものである. 推論の心理学ではもっともよく知られた試験の一つで, たいていのひとが間違える.(これで, みなさんにもちゃんと忠告しましたからね!)

今, みなさんの目の前のテーブルに4枚のカードが置かれて

いる．各カードの片面には文字が，もう片方の面には数字が印刷されていて，このことに偽りはないと教わってはいるものの，当然みなさんには片面しか見えない．ちなみに今見えているのは，

Ｂ　Ｅ　４　７

で，さらにこれらのカードが「片面に母音があれば，裏には奇数が載っている」という規則に従っている，と告げられたとする．このとき，すべてのカードがこの規則に従っていることを確認するには，最低で何枚のカードをひっくり返す必要があるか．具体的に，どのカードをひっくり返さなくてはならないのか．

*

含意（単なる条件法ではなく，因果関係があるほんものの含意）を巡って，大至急マスターすべき用語がある．というのもこれらの用語が数学的な議論の至るところに登場するからだ．

$$\phi \quad \text{ならば} \quad \psi$$

という含意の ϕ は**前件**，ψ は**後件**と呼ばれている．
　以下の七つはすべて同じことを意味している．
（1）ϕ ならば ψ である．
（2）もし ϕ であれば ψ である．
（3）ψ であるには ϕ であれば十分である．
（4）ψ であるときに限って ϕ である（ϕ only if ψ）．
（5）ϕ であるなら ψ である（ψ if ϕ）．
（6）ϕ であるときは常に ψ である．

(7) ϕであるにはψであることが必要だ.

最初の三つはほぼ自明のように思えるが,(4)には注意が必要だ.ϕとψが登場する順序も含めて,(4)と(5)の対比に注意しよう.初学者は往々にして,「もし……なら(if)」,と「……であるときに限って(only if)」の区別をきちんと理解するのにかなり苦労する.

同じように,(7)の「必要」という言葉も混乱を招きやすい.ψがϕの必要条件だからといって,ψが成り立ちさえすればϕが成り立つことが保障されるわけではない,という点に注意しよう.この文がいっているのは,ϕが成り立つかどうかが疑わしかったとしても,ψは成り立たなければならないということなのだ.つまり,「ϕならばψ」でなくてはならない.(この一節も,さらに幾度か読み返すことを強くみなさんにお勧めする.ほんとうに理解できたと感じたところで,さらにもう一回読み直してほしい!)

みなさんが「必要」と「十分」の区別を覚えるうえで,次の図がお役に立つとよいのだが.

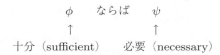

(太陽"sun"という言葉に引っかけて,順序を覚えるとよい.)

同値は双方向の「ならば」だから,ここまでの議論か

ら，次の三つも同値だといえる．
(1) ϕ は ψ と同値である．
(2) ϕ は ψ の必要十分条件である．
(3) ψ であるとき，そのときに限って ϕ である．

「……であるとき，そのときに限って (if and only if)」は，広く iff (ときに iffi) と省略される．そのため，ϕ と ψ が同値であるという意味で，

$$\phi \text{ iff } \psi$$

と書くことが多い．

厳密を期すのであれば，同値に関する専門用語についてのここでの議論が「ならば」の含意と同値に関するもので，それらを形式的に定義した条件法や双条件法についての議論ではないことに注意すべきだろう．だが数学者たちは，含意を略して ⇒，同値を略して ⇔ と書くことが多く，そのため往々にしてこれらの形式的に定義された記号とともに異なる用語が使われている．

初学者にとって，これは常に混乱の種だが，数学という営みはこうやって展開してきたのであって，避ける術はない．みなさんがずさんにも見える表現に直面してお手上げになるのは，じつにもっともな話なのだ．いくつかの単語の意味を巡って正真正銘の問題が生じたために，形式的な定義によって日常使われているものとは別の概念（たとえば，条件法と含意の違い）を作る必要があったはずなのに，数学者はなぜそもそも問題を含んでいると考えていた

日常的な概念にそそくさと戻ってしまうのか.

プロの数学者たちがなぜそのように立ち回るのかというと,通常の数学をしている限りにおいては,条件法や双条件法が因果関係を持つ含意や同値と完全に一致するからだ.実際の数学の流れのなかでは,条件法は含意であり双条件法は同値なので,形式的な概念のどこが日常的な概念と違っているのかだけを心に留めておいて,さっさと先に進んで他の事柄に集中するのである.(コンピュータ・プログラマーや航空管制システムを作る人々には,このような自由は許されていない.)

練習問題 2.3.5

1. $\neg(\phi \wedge \psi)$ と $(\neg\phi) \vee (\neg\psi)$ とが同値であることを示すには,たとえばこの二つの真理表が同じになることを示せばよい.

ϕ	ψ	$\phi \wedge \psi$	$\neg(\phi \wedge \psi)$	$\neg\phi$	$\neg\psi$	$(\neg\phi)\vee(\neg\psi)$
T	T	T	F	F	F	F
T	F	F	T	F	T	T
F	T	F	T	T	F	T
F	F	F	T	T	T	T

色がついている二つの列がまったく同じであることから,この二つの表現は同値だといえる.

つまり否定には,$\vee$ を $\wedge$ に,$\wedge$ を $\vee$ に変える働きがある.あるいは次のように,第一の言明の意味に直接踏み込んでこの事実を立証してもよい.

(a) $\phi \wedge \psi$ は ϕ と ψ が両方とも真であることを意味する.

(b) したがって $\neg(\phi \wedge \psi)$ は,「ϕ と ψ がいずれも真」ではな

いことを意味する．

(c) もし両方が真でないのであれば，ϕ と ψ のうち少なくとも一つは偽である．

(d)（否定の定義からいって）これは明らかに $\neg\phi$ か $\neg\psi$ のどちらかが真であることを意味する．

(e)「または (or)」の意味からいって，これを $(\neg\phi) \vee (\neg\psi)$ と表すことができる．

これと同じような論理的推論で，$\neg(\phi \vee \psi)$ と $(\neg\phi) \wedge (\neg\psi)$ が同値であることを示しなさい．

2. ϕ という言明を**否認**するということは，$\neg\phi$ と同値の言明を認めるということだ．以下の言明をわかりやすい形で否認しなさい．

(a) 34159 は素数である．

(b) バラは赤く，スミレは青い．

(c) もしもハンバーガーがなければ，ホットドッグを食べる．

(d) フレッドは行くけれど，遊ばないだろう．

(e) x という数は負であるか，あるいは 10 より大きい．

(f) わたしたちは最初のゲームか，二番目のゲームに勝つだろう．

3. 自然数 n が 6 で割り切れるには，次のどの条件が必要か．

(a) n が 3 で割り切れる．

(b) n が 9 で割り切れる．

(c) n が 12 で割り切れる．

(d) $n = 24$．

(e) n^2 が 3 で割り切れる．

(f) n は偶数で 3 で割り切れる．

4. n が 6 で割り切れるには，問題 3 のどの条件があれば十分か．

5. n が 6 で割り切れるには，問題 3 のどの条件が必要かつ十

分か.

6. m, n を二つの自然数とする. m と n が奇数であるとき, そのときに限って mn が奇数であることを証明しなさい.

7. 問題 6 を,「m と n が偶数であるとき, そのときに限って mn が偶数である」とすると, この言明は正しいか.

8. $\phi \Leftrightarrow \psi$ が $(\neg \phi) \Leftrightarrow (\neg \psi)$ と同値であることを示しなさい. この結果とみなさんの問題 6, 7 の答えはどのように関係しているか.

9. 真理表を作って, 以下の言明の真偽を調べなさい.
 (a) $\phi \Leftrightarrow \psi$
 (b) $\phi \Rightarrow (\psi \vee \theta)$

10. 真理表を使って, 以下の二つが同値であることを証明しなさい.
 (a) $\neg(\phi \Rightarrow \psi)$ と $\phi \wedge (\neg \psi)$
 (b) $\phi \Rightarrow (\psi \wedge \theta)$ と $(\phi \Rightarrow \psi) \wedge (\phi \Rightarrow \theta)$
 (c) $(\phi \vee \psi) \Rightarrow \theta$ と $(\phi \Rightarrow \theta) \wedge (\psi \Rightarrow \theta)$

11. すぐ前の問題の (b) と (c) のそれぞれの同値関係を, 論理的な推論によって確認しなさい. (たとえば (b) の場合は, ϕ を仮定して $\psi \wedge \theta$ を演繹することが, ϕ から ψ を演繹し, かつ ϕ から θ を演繹することと同じであることを示す.)

12. 真理表を使って, $\phi \Rightarrow \psi$ と $(\neg \psi) \Rightarrow (\neg \phi)$ が同値であることを証明しなさい.

$(\neg \psi) \Rightarrow (\neg \phi)$ は $\phi \Rightarrow \psi$ の**対偶**と呼ばれる. 条件法とその対偶は論理的に同値だから, ある含意を証明するにはその対偶を証明すればよい. これは数学では広く見られる証明の形で, この本でも後で登場する.

13. 以下の言明の対偶を書きなさい.
 (a) 二つの長方形が合同なら, その面積は等しい.
 (b) a, b, c を三つの辺とする (ただし c がいちばん長い) 三

角形が直角三角形なら，$a^2+b^2=c^2$ である．
(c) 2^n-1 が素数なら，n は素数である．
(d) 元が上がれば，ドルは下がる．

14. 条件法 $\phi \Rightarrow \psi$ の対偶と，条件法の逆である $\psi \Rightarrow \phi$ を混同してはならない．真理表を用いて，$\phi \Rightarrow \psi$ の対偶と逆が同値でないことを示しなさい．

15. 問題 13 の四つの言明の逆を書きなさい．

16. ϕ, ψ がどのような言明であろうと，$\phi \Rightarrow \psi$ かその逆のどちらか片方が（あるいは二つとも）正しいことを示しなさい．このことからも，条件法と含意が同じでないことがわかる．

17.

$$\psi \text{ でなければ } \phi$$

という結合子を，標準的な論理結合子を用いて表しなさい．

18. 以下の条件法の前件と後件がそれぞれ何であるかを述べなさい．
(a) リンゴが赤ければ，食べられる．
(b) 関数 f が微分可能であることは，f が連続であるための十分条件である．
(c) 関数 f が積分可能なら，f は有界〔値を上下から抑えられるということ〕である．
(d) 列 s が有界であるとき，s は必ず収束する．
(e) 2^n-1 が素数であるには，n が素数であることが必要だ．
(f) カールがプレイするときにだけ，チームが勝つ．
(g) カールがプレイすると，チームが勝つ．
(h) チームが勝つのは，カールがプレイするに限る．

19. 問題 18 の各条件法の対偶を書きなさい．

20. $\dot{\vee}$ が「排他的な『または』」つまり「どちらか片方だが，両方ではない」ことを表す結合子であるとき，その真理表を作り

なさい.

21. $\phi \veebar \psi$ を,基本的な結合子 $\wedge, \vee, \neg$ を用いて表しなさい.

22. 以下の命題の組のうち,同値なものを選びなさい.
(a) $\neg(P \vee Q)$ と $\neg P \wedge \neg Q$
(b) $\neg P \vee \neg Q$ と $\neg(P \vee \neg Q)$
(c) $\neg(P \wedge Q)$ と $\neg P \vee \neg Q$
(d) $\neg[P \Rightarrow (Q \wedge R)]$ と $\neg(P \Rightarrow Q) \vee \neg(P \Rightarrow R)$
(e) $P \Rightarrow (Q \Rightarrow R)$ と $(P \wedge Q) \Rightarrow R$

23. (もしも可能であれば)以下のような真の条件法を作りなさい.
(a) 逆が真であるもの.
(b) 逆が偽であるもの.
(c) 対偶が真であるもの.
(d) 対偶が偽であるもの.

24. みなさんが,若者たちが参加するパーティーの責任者だったとする.酒を飲む者もいれば,ソフトドリンクを飲む者もいる.さらに,法的に酒を飲める年齢の者もいれば,それより若い者もいる.責任者たるもの,飲酒に関する法律が守られるように監督する義務があるので,みなさんは写真付きの身分証明書をテーブルに置くよう全員にいう.あるテーブルに4人の若者がいて,1人はビールを,ほかの1人はコーラを飲んでいた.ところが彼らの身分証明書は裏返しで,年齢がわからない.それでもあとの2人の証明書は見ることができて,1人は飲酒できる年齢になっていたが,もう一人は飲酒できる年齢になっていないことがわかった.残念ながら,この二人がセブンアップを飲んでいるのか,ウォッカのトニック割りを飲んでいるのかは不明である.誰も法律に違反していないことを確認するには,誰の身分証明書と飲み物(どちらか片方だけで十分かもしれない)をチェックすればよいか.

25. 問題24の論理構造をウェイソンの問題（87ページの練習問題2.3.4の8）と比べて，この二つの問いに対する自分の答えについて考えを述べなさい．特に，それぞれの問題を解くのにどのような論理規則を使ったか，どちらの問題が易しかったか，どうして易しいと感じたのかを述べること．

2.4　量　化　子

　数学的な事実を表現したり証明したりする際の基礎となる言語構造——つまり数学者が正確に用いなくてはならない言語構造——があと二つある（この二つは互いに関連している）．

　　　　　……が存在する（there exist）

と

　　　　　すべての……（for all）

はどちらも**量化子**（quantifier〔量記号，量化記号とも〕）と呼ばれるものである．

　この場合のquantifierという英単語には，特別な意味がある．普通は〔日本語でいう〕数量形容詞で，物の量や数などを特定する数量詞〔五，八，少し，たくさん，いくつか，全部といった単語〕を指しているが，数学では，「少なくとも一つは存在する」か，「すべてについて成り立つ」という極端な二つの状況を表すのだ．なぜこのような

2.4 量化子

限定的な使い方をするのかというと，数学的な真理に特別な性質があるからで，数学の定理（数学そのものを，ほかの専門や日々の職業で使うための道具の集まりではなく一つの分野として見たときの核になるもの）の多くは，じつは次のいずれかの形をしているのである．

- P という性質を持つ対象 x が存在する．
- すべての対象 x について P が成り立つ．

この二つを順に説明していこう．まず，存在を巡る第一の言明の単純な例として，次のようなものが考えられる．

方程式 $x^2+2x+1=0$ は実数の根を持つ．

この言明が何かの存在を主張しているということは，次のように書き直してみるとさらにはっきりする．

$x^2+2x+1=0$ となる実数 x が存在する．

数学者は，

……を満たす x が存在する

ことを，

$$\exists x$$

という記号で表す．この表記を用いると，上の例を次のような記号で表すことができる．

$$\exists x(x^2+2x+1=0)$$

この∃は**存在量化子**と呼ばれている．みなさんもお気づきだろうが，これは裏返しのEで，「存在（Exist）」という単語からきている．

存在を巡る言明を証明する自明の手段として，たとえばそこで主張されている条件を満たす対象を何か一つ見つけるという方法がある．今の例では $x=-1$ という数が条件を満たすので，それで目的は達成される（条件を満たす数はこの数しかないのだが，一つでもあればその存在を主張することができる）．

ただし，存在を巡る主張が成り立つことを証明するには，とにかく条件を満たす対象を探すしかない，というわけでもない．$\exists x P(x)$ という形の言明が正しいことを証明する方法は，ほかにもある．たとえば，方程式 $x^3+3x+1=0$ が実数の根を持つことを証明したければ，曲線 $y=x^3+3x+1$ が連続である（直観的にいうと，グラフが切れ目のない曲線になる）ことと，その曲線が $x=-1$ では x 軸より下に，$x=1$ では上にあることを示せばよい．この三つの事実があれば，（連続性から）このグラフが x のこれら二つの値の間のどこかで x 軸を横切るはずだということができて，x 軸と交わる際の x の値が与えられた方程式の解になる．つまり，具体的な解を探すことなく解の存在を証明できるのだ．（この単純で直観的な議論を厳格で完璧な証明に仕立てるにはかなり深い議論

がたくさん必要になるが，いずれにしても一般的なアイデアとしては，今説明したような形でうまくゆく．)

練習問題 2.4.1

今概略を紹介した「方程式 $x^3+3x+1=0$ が実数の根を持つ」ことの証明に似た推論を使って，「ぐらぐらテーブル定理」を証明することができる．今，レストランで真四角なテーブルの席に着いているとして，そのテーブルの四隅にはまったく同じ脚が4本ついている．ところが床が真っ平らではないためテーブルががたつく．そのがたつきをなくしたければ，たとえばテーブルの1本の脚の下に小さな紙切れを折って挟み込み，テーブルが揺れなくなるまでその紙切れの数を増やしていけばよい．ところがじつはこれとは別の方法がある．そのテーブルをぐるりと回して，がたつかない場所を探しさえすればよいのだ．この事実を立証しなさい．(警告：これは，数学の箱のなかではなく，外で考えるタイプの問題である．答えは単純だが，その答えにたどり着くにはかなりの努力が必要になるかもしれない．この問題は，時間制限のある試験に出すには不向きだが，正しい着想にたどり着くまで考え続ける必要がある素晴らしいパズルである．)

*

時には，存在を主張する言明であることが明らかではないこともある．じっさい数学では，一見，存在に関する言明とは思えないのに，意味を掘り下げていくとじつは存在を巡る言明であることが判明する場合が多々ある．

たとえば，

$$\sqrt{2} \text{ は有理数である}$$

という言明は，じつは存在を主張している．この言明の意味するところをかみ砕いて，

$$\sqrt{2} = p/q \text{ となる自然数 } p \text{ と } q \text{ が存在する}$$

という形に書き直せば，それがはっきりする．この言明を存在量化子を用いて表すと，

$$\exists p \exists q (\sqrt{2} = p/q)$$

となる．変数 p と q が自然数であることをあらかじめ明確にしておけば，これで十分だ．考えている事柄の背景からいって，さまざまな記号がどのような存在物を指し示しているのかが誰にとっても明確な場合もあるが，明確でない場合が（きわめて）多く，その場合は考慮の対象となる存在物の種類を特定して量化子の表し方を拡張することになる．この例でいうと，

$$(\exists p \in \boldsymbol{N})(\exists q \in \boldsymbol{N})(\sqrt{2} = p/q)$$

とするのである．ここで使われているのは，おそらくみなさんもおなじみの集合論の表記法で，$\boldsymbol{N}$ は自然数（つまり，正の自然数）の集合を意味し，$p \in \boldsymbol{N}$ は「p が集合 $\boldsymbol{N}$ の元（あるいは要素）である」ことを意味している．末尾の補遺にこの本を読むのに必要な集合論の簡単な要約

を載せてあるので，そちらをご覧いただきたい．

ここでは，$(\exists p, q \in \boldsymbol{N})(\sqrt{2} = p/q)$ となっていないことに注意してほしい．経験を積んだ数学者がこのような書き方をしているのをよく見かけるだろうが，初学者にはこのようなやり方は絶対にお勧めしない．数学的な言明はたくさんの量化子を含んでいることが多いのだが，これから見ていくように，数学的な推論を進める際の表現の操作はきわめて微妙になることもあり，「一つの変数に一つの量化子」という原則に固執したほうが無難だ．この本では，おおむねこの原則を守るつもりである．

今示した $(\exists p \in \boldsymbol{N})(\exists q \in \boldsymbol{N})(\sqrt{2} = p/q)$ という言明は，偽であることがわかっている．$\sqrt{2}$ という数は，有理数ではない．その証明は後ほど紹介するが，その前に，自力で証明できるかどうか試してみたい方もおいでだろう．その証明はほんの数行で済むが，それでいて，じつに巧みな着想が含まれている．自力ではまず発見できないと思われるが，もしも自力で発見できたなら，これはじつに嬉しいことだ！　試してみようという方は，ぜひ1時間くらいは割いていただきたい．

ちなみに，大学の数学，あるいはもっと一般にわたしが数学的思考と呼んでいるものを究めたいのであれば，ごく細かい事柄一つに長い時間を費やすことに慣れる必要がある．高校の数学の授業の目標は（特にアメリカでは）一般に広範なカリキュラムをカバーすることにあるので，ほとんどの問題が数分で解けるようになっている．ところが

大学では，カバーすべき素材の数は減って，その代わりにより深いところまで掘り下げることが目標となる．だからみなさんもペースを落として，より多く考え，より少なく行うことに慣れる必要がある．はじめはきっと苦労するにちがいない．なぜなら前進している感じがしないままで考え続けるのは，最初のうちはとてもいらだたしいことだから．だがこれは，自転車に乗れるようになることとよく似ている．延々と転び続け（あるいは補助輪に頼り続け），絶対に「成し遂げ」られないとしか思えなかったのが，ある日突然乗れるようになっていることに気づく．ところが，乗れるようになるまでになぜこんなに長い時間がかかったのかは理解できない．だがじつは，乗り方のコツがみなさんの体に染みこむまでには，さんざん転び続けた長い時間が必要だったのだ．さまざまなタイプの問題を数学的に考えられるように頭を訓練する場合についても，これとよく似たところがある．

　さて，きちんと調べて完璧に理解できたと言い切れるようにする必要がある言葉として最後に残っているのが，**全称量化子**である．この量化子は，すべての x について何かがいえると主張する．

$$\text{すべての } x \text{ について……がいえる}$$

ことは，

$$\forall x$$

という記号で表される．∀という記号は，A をひっくり返したもので，「すべての（All）」という単語に由来する．

たとえば，すべての実数の 2 乗が 0 以上であることは，

$$\forall x(x^2 \geqq 0)$$

と表される．存在量化子の場合と同じで，x という変数が実数であることがあらかじめ明らかにされていれば，これで十分．じじつ，ふつうは明記されているものだが，念のため表記を変えて，変数が実数であるという事実を一点の曇りもなくはっきりさせることもできる．

$$(\forall x \in \boldsymbol{R})(x^2 \geqq 0)$$

記号を用いたこの表記は，「すべての実数 x について，x の平方は 0 以上である」と読む．

数学の言明のほとんどは，これら二つのタイプの量化子をともに含んでいる．たとえば「最大の自然数は存在しない」という主張を表す場合にも，次のように 2 種類の量化子が必要になる．

$$(\forall m \in \boldsymbol{N})(\exists n \in \boldsymbol{N})(n > m)$$

これは，「すべての自然数 m について，m より大きい自然数 n が存在する」という言明である．

このとき，量化子の順番がきわめて重要であることに注意しよう．たとえば，今の言明の括弧の順番をひっくり返すと，

$$(\exists n \in \boldsymbol{N})(\forall m \in \boldsymbol{N})(n > m)$$

となるが，これは，「すべての自然数よりも大きい自然数が一つ存在する」ということを主張していて，どこからどう見ても偽だ！

ここまでくると，なぜ全米黒色腫財団の広報が，「1人のアメリカ人がおよそ1時間ごとに悪性黒色腫(メラノーマ)で命を落としている」というような言葉の使い方を避ける必要があったのかがはっきりする．この文を論理式にすると，

$$\exists A \forall H [A は時間 H に死ぬ]$$

となるが，財団の広報が伝えたかったのは，

$$\forall H \exists A [A は時間 H に死ぬ]$$

だったのだ．

練習問題 2.4.2

1. 以下の言明を，存在を主張する形で表現しなさい．（言葉と記号を混ぜて使ってかまわない．）
 (a) 方程式 $x^3 = 27$ は自然数の解を持つ．
 (b) $1{,}000{,}000$ は最大の自然数ではない．
 (c) 自然数 n は素数ではない．

2. 以下の言明を（言葉と記号を使って）「すべての……」を用いた形で表現しなさい．
 (a) 方程式 $x^3 = 28$ は自然数の解を持たない．
 (b) 0 はどの自然数よりも小さい．

(c) 自然数 n は素数である.

3. 以下の言明を，人の部分に量化子を用いて，記号で表現しなさい.

(a) 誰もが誰かを愛している.

(b) 誰もが背が高いか，さもなくば低い.

(c) 誰もが背が高いか，誰もが背が低い.

(d) 誰も家にいない.

(e) ジョンが来ると，すべての女性が立ち去る.

(f) 男性が来ると，すべての女性が立ち去る.

4. 以下の言明を，集合 $\boldsymbol{R}$ と $\boldsymbol{N}$（だけ）に言及する量化子を用いて表しなさい.

(a) $x^2 + a = 0$ という方程式は，a がどのような実数であっても実数の根を持つ.

(b) $x^2 + a = 0$ という方程式は，a がどのような負の実数であっても実数の根を持つ.

(c) どの実数も有理数である.

(d) 無理数が一つある.

(e) 最大の無理数はない（この言明は，一見ひどく複雑な形になる）.

5. C をすべての車の集合とし，$D(x)$ は「x は国産車である」ことを，$M(x)$ は「x の作りが悪い」ことを意味する．このとき，これらの記号を用いて以下の言明を表しなさい.

(a) すべての国産車は作りが悪い.

(b) すべての外車は作りが悪い.

(c) 作りが悪い車はすべて国産車である.

(d) 作りが悪くない国産車が一台ある.

(e) 作りの悪い外車が一台ある.

6. 次の文を，実数に関する量化子と論理結合子と順序関係 $<$，「x は有理数である」ことを意味する $Q(x)$ という記号だけ

を用いて表しなさい．

互いに等しくない二つの実数の間には，
必ず一つ実数がある．

7．以下の（エイブラハム・リンカーンの）有名な言明を，人と時間に関する量化子を用いて表しなさい．「人は，すべての人を一時だけだませるかもしれず，一部の人を常にだまし続けられるかもしれないが，すべての人を常にだまし続けることはできない．」

8．アメリカのある新聞の見出しに，「一人のドライバーが6秒ごとに事故に巻き込まれる」とある．このとき，x をドライバーを示す変数，t を60秒という時間を表す変数，$A(x,t)$ を時間幅 t の間に x という事故が起きるという属性を表す記号としてこの見出しを論理記号を用いて表しなさい．

*

　数学（や日常生活のなか）では，しばしば量化子を含む言明を否定する必要が生じる．むろん，元の言明の先頭に否定の記号を置きさえすれば，その言明の否定になる．しかしそれだけでは不十分で，肯定的な表現に直さねばならない場合も多い．今から例を挙げて「肯定的」という言葉の意味をはっきりさせるつもりだが，肯定的な言明とは，ざっくりと「……でない」ではなく「……である」という形の言明のことだ．肯定的な言明とは，じつは否定記号を含まない言明，あるいは，表現全体の扱いやすさをあまり変えずに，否定記号がなるべく小さな部分にかかるようにした言明のことなのだ．

$A(x)$ が x のある属性を表しているとする（たとえば $A(x)$ は，「x は方程式 $x^2+2x+1=0$ の実数の根である」という言明かもしれない）．そのとき，

$$\neg[\forall x A(x)]$$

は

$$\exists x[\neg A(x)]$$

と同値である．

たとえば，

すべてのドライバーが赤信号を突っ切るとは限らない．

は，

赤信号を突っ切らないドライバーがいる．

と同値なのだ．このような馴染みのある例の場合には，同値であることは一目瞭然だ．さらに一般の証明の場合には，この一般的な理解をすべてにあてはまる抽象的な形に直すだけのことなので，もしもこの先の話がまったく謎めいて感じられたとしたら，それは単にみなさんが背景を取り払った抽象的なやり方での推論に不慣れだからであって，他に理由はない．大学の数学の講座を取る準備としてこの本を手にしている方々は，抽象的な推論をできる限り迅速に身につける必要がある．いっぽう日常生活で使える分析的な推論の力をつけたいという方々は，たぶん（今わ

たしが行ったように）抽象的な記号で表されたものを単純で具体的な例に置き換えて，その例で考えれば十分なはずだ．そうはいっても抽象的な思考によってあらゆる推論の元になる論理の基礎が浮き彫りになるので，身につけておくと日々の推論にも確実に役立つ．

ということで，抽象的な証明を始めよう．まず，$\neg(\forall x A(x))$ と仮定する．つまり，$\forall x A(x)$ が真ではないと考えるわけだ．ふうむ，なるほど．ということは，すべての x が $A(x)$ を満たすわけではないから，$A(x)$ を満たさない x が少なくとも一つはあるはずだ．いいかえると，少なくとも一つの x について，$\neg A(x)$ が真であるはずだ．これを記号で書くと $\exists x(\neg A(x))$ となる．したがって，$\neg(\forall x A(x))$ ならば $\exists x(\neg A(x))$ といえる．

次に，今度は $\exists x(\neg A(x))$ と仮定する．これはつまり，$A(x)$ を満たさない x があるということだ．したがってすべての x について $A(x)$ が成り立つわけではない（x が $A(x)$ を満たさなければ，その x では $A(x)$ は成り立たないから）．いいかえれば，$A(x)$ がすべての x で成り立つというのは偽だ．これを記号で表すと，$\neg(\forall x A(x))$ となる．したがって，$\exists x(\neg A(x))$ ならば $\neg(\forall x A(x))$ といえる．

この二つの「ならば」を合わせると，先ほど主張した同値が示されたことになる．

練習問題 2.4.3

1. $\neg[\exists x A(x)]$ が $\forall x[\neg A(x)]$ と同値であることを示しなさい.
2. この同値が成り立っている日常の例を挙げて,その例に則した推論で同値が成り立つことを説明しなさい.

*

ここまでくれば,先ほど出題した国産車についての問題をきちんと分析することができる.

すべての国産車は作りが悪い.

この言明を,105ページの練習問題 2.4.2 の 5 の記号を用いて表してみる.問題の (a) の部分をきちんと理解していれば,

$$(\forall x \in C)[D(x) \Rightarrow M(x)]$$

という記述が得られるはずなので,これを否定すると,

$$(\exists x \in C)\neg[D(x) \Rightarrow M(x)]$$

となる.(ここで,しばしば混乱が生じる.どうして $\exists x \notin C$ にならないのか.なぜなら「$\in C$」の部分は,どのような種類の x を考えているのかを示しているにすぎないからだ.もとの言明が国産車に関するものなのだから,その否定も国産車に関するものであるはずだ.)

次に，

$$\neg[D(x) \Rightarrow M(x)]$$

の部分を考えるわけだが，これが，

$$D(x) \wedge (\neg M(x))$$

であることは既にわかっている〔93ページ，練習問題 2.3.5 の 10 (a)〕．したがって先ほどの否定によって得られた言明（を肯定的な形にしたもの）は，

$$(\exists x \in C)[D(x) \wedge (\neg M(x))]$$

になる．これを言葉に直すと，「国産で，しかも作りの悪くない車がある」ということになる．ようするに，「作りの悪くない国産車が存在する」のである．

今のような記号の操作をしないでこの結果を直接得るには，次のようにすればよい．

「すべての国産車の作りが悪い」というのが事実でないとすると，「少なくとも一台，作りが悪くない国産車がある」ことになる．そこでこの推論を反転させると，「少なくとも一台の国産車は作りが悪くない」というのが求める否定になる．

ここまでの議論が飲み込みにくいと感じておられる初学者のみなさんのために，さらに例を示しておこう．

まず，自然数に関する例を一つ．したがって，すべての変数は当然集合 $\boldsymbol{N}$ の元である．$P(x)$ を「x は素数であ

る」という言明，$O(x)$ を「x が奇数である」という言明として，

$$\forall x[P(x) \Rightarrow O(x)]$$

を考える．この言明は，「素数はすべて奇数である」と主張しているが，これは真ではない．（なぜなのか．みなさんは，どうやって証明しますか．）この言明の否定（を肯定の形にしたもの）は，次のようになる．

$$\exists x[P(x) \wedge \neg O(x)]$$

この形にするには，まず，

$$\neg \forall x[P(x) \Rightarrow O(x)]$$

からはじめるが，これは

$$\exists x \neg [P(x) \Rightarrow O(x)]$$

と同値である．さらにこれは，

$$\exists x[P(x) \not\Rightarrow O(x)]$$

と同値で，これを書き直すと

$$\exists x[P(x) \wedge \neg O(x)]$$

となる．つまり $\forall$ は $\exists$ になり，$\Rightarrow$ は $\wedge$ になるわけだ．言葉で表現すると，否定は「奇数でない素数がある」，あるいはよりなめらかに「偶数の素数が存在する」ということ

になる．これはもちろん真である．（なぜなのか．みなさんは，どうやって証明しますか．）

記号操作の手順としては，論理結合子を調整しながら，否定の記号をどんどん式の内側に入れていくことになる．みなさんもうすうす感じておられるように，このような手順での記号操作の規則を一覧にすることは可能だ．論理的な推論を行うためのコンピュータ・プログラムを書くには，そのような一覧があったほうが便利だが，ここでの目標はあくまでも数学的な思考力を高めることであって，記号を用いた例は，特に大学の数学の学生に役立つ形で思考力を高めるための方便でしかない．だからみなさんにはどのような問題に対してもその問題の言葉を用いて意味と関連させた形でアプローチすることを強くお勧めする．

今かりに元の言明に手を加えて，

$$(\forall x > 2)[P(x) \Rightarrow O(x)]$$

（つまり，「2より大きいすべての素数は奇数である」，この言明は真）とすると，この言明の否定は，

$$(\exists x > 2)[P(x) \wedge \neg O(x)]$$

（つまり，「2より大きな偶数の素数が存在する」）となるが，これは偽である．

この例では，たとえば $\forall x > 2$ という量化子が $\exists x \leqq 2$ ではなく $\exists x > 2$ に変わることに注意すべきだろう．同様に，$\exists x > 2$ という量化子は $\forall x \leqq 2$ ではなく $\forall x > 2$ にな

る．みなさんは，なぜそうなるのかを確実に理解しておかねばならない．

練習問題 2.4.4

2 より大きな偶数の素数が存在する

という言明が偽であることを証明しなさい．

*

別の例として，人々に関する話題を考えよう．つまり x は任意の人である．さらに，$P(x)$ は「あるスポーツチームの選手である」という属性を，$H(x)$ は「健康である」という属性を表すとする．このとき，

$$\exists x[P(x) \wedge \neg H(x)]$$

という言明は，「不健康な選手が一人はいる」と主張していることになる．そこでこの言明を否定すると，

$$\forall x[\neg P(x) \vee H(x)]$$

となるが，これをそのまま言葉で表すとなんだかぎこちなくなる．ところがここで ⇒ の定義を使うと，

$$\forall x[P(x) \Rightarrow H(x)]$$

と書き直すことができて，これなら「すべての選手が健康である」という自然な言い回しになる．

さらにもう一つ，数学の例を挙げておこう．変数はすべて，有理数の集合 $\boldsymbol{Q}$ の元である．今，

$$\forall x[x > 0 \Rightarrow \exists y(xy = 1)]$$

という言明を考える．この言明は，「すべての正の有理数 x について，$xy = 1$ となる y が存在する（＝すべての正の有理数に乗法の逆元が存在する）」ことを主張している（これは真である）．この言明の否定（これは偽）を導くには，次のようにする．

$$\begin{aligned}&\neg\forall x[x > 0 \Rightarrow \exists y(xy = 1)] \\ \Leftrightarrow\ &\exists x[x > 0 \wedge \neg\exists y(xy = 1)] \\ \Leftrightarrow\ &\exists x[x > 0 \wedge \forall y(xy \neq 1)]\end{aligned}$$

これを言葉で表すと，「$xy = 1$ となる y が存在しない正の有理数 x が存在する（＝乗法の逆元が存在しない正の有理数が存在する）」という主張になる．

今の例から，量化子のある性質が見えてくる．体系的に展開できる一般的な性質として，量化子が使われる際には決まって**量化の領域**なるもの——その量化子が指し示す対象すべての集まり——がついてくる．量化の領域はあらゆる実数の集まりかもしれず，あらゆる自然数の集まりかもしれず，あらゆる複素数の集まりかもしれず，何かほかの集まりかもしれない．

多くの場合，その領域は全体の流れによって決まる．たとえば実解析を研究している場合は，特に明記されない限

りすべての量化子が実数を指し示していると考えるのが無難だ. ところが時には, どのような領域について論じているのかを明確にする必要が生じることがある.

領域を明確にすることがいかに大切かは, 次のような数学的言明を考えればわかるだろう.

$$\forall x \exists y (y^2 = x)$$

という言明は, 複素数の領域 $\boldsymbol{C}$ では真だが, 実数の領域 $\boldsymbol{R}$ では真でない.

ここで誤解を恐れずにいうと, 数学者たちは, じつは量化の領域を明示せずに済ませる（変数が何を表しているのかを背景から読み取る）だけでなく, 全称量化子 $\forall$ の場合には, そもそも量化子に言及しない場合が多い. たとえば,

$$x \geq 0 \Rightarrow \sqrt{x} \geq 0$$

と書いてあったら, じつは,

$$(\forall x \in \boldsymbol{R})(x \geq 0 \Rightarrow \sqrt{x} \geq 0)$$

の意味なのだ. 前者のように量化の領域を明示しないことを**非明示的量化**（implicit quantification）というが, この本では非明示的量化は行わない. そうはいってもこれはかなり広く行われていることなので, 知っていたほうがよいだろう.

量化子と $\land, \lor$ などの論理結合子が組み合わさっている

場合には，慎重を期す必要がある．

どんな落とし穴があり得るかをこれから説明していくわけだが，まず，議論の対象領域を自然数の集合 $\boldsymbol{N}$ としよう．$E(x)$ は「x は偶数である」という言明を，$O(x)$ は「x は奇数である」という言明を表す．

このとき，

$$\forall x[E(x) \vee O(x)]$$

という言明は，すべての自然数 x について x が偶数か奇数（か両方）であることを主張している．これは明らかに真である．

いっぽう，

$$\forall x E(x) \vee \forall x O(x)$$

という言明は，偽である．なぜならこの言明は，「『すべての自然数 x は偶数』か，『すべての自然数 x は奇数』（か両方）である」ことを主張しているが，じっさいにはこの二つの選択肢はどちらも正しくないからだ．

このように，一般に「$\forall x$ を括弧のなかに移すこと」はできない．より正確にいうと，$\forall x$ を括弧のなかに移すと，元の言明と同値でないまったく別の言明になる．

さらに，

$$\exists x[E(x) \wedge O(x)]$$

は偽である．なぜならこの言明は，「奇数で同時に偶数で

もある自然数が存在する」ことを主張しているからだ．いっぽう，

$$\exists x E(x) \wedge \exists x O(x)$$

という言明は，「偶数の自然数が存在し，奇数の自然数が存在する」ことを主張しており，これは真である．

このように，「$\exists x$ を括弧のなかに移すこと」でも，元の言明と同値でないまったく別の言明になる可能性がある．

最後に紹介した言明で，論理積の二つの部分で同じ変数 x を使っているにもかかわらず，これらの部分が別々に機能していることに注意しておこう．

みなさんは，今例として挙げた量化子を含む言明すべての区別を確実に理解しておかねばならない．

推論のなかでは，量化子を元の領域より小さな集まりに限定して用いることがひじょうに多い．たとえば実解析（特に明示がない領域は通常すべての実数の集合 $\boldsymbol{R}$ である）では，「すべての正の数」や「すべての負の数」について論じなければならないことが多く，数論（特に明示がない領域は通常すべての自然数の集合 $\boldsymbol{N}$ である）では，「すべての素数について」といった量化子がしばしば用いられる．

これに対処するには，既に登場した方法を用いてもよく，A を領域の一部として，量化子を用いた表記を，

$$(\forall x \in A), \qquad (\exists x \in A)$$

といった形の量化子を許すように変えればよい.

これとは別に, 問題の式の量化子を含まない部分で量化されている対象を明記してもよい. たとえば, 議論の対象となっている領域が動物の集合なら, すべての変数 x が動物を表していると考えられる. $L(x)$ を「x はヒョウである」という言明, $S(x)$ を「x に斑点がある」という言明とすると,「すべてのヒョウに斑点がある」という言明は,

$$\forall x[L(x) \Rightarrow S(x)]$$

となる. これをそのまま言葉に直すと,「すべての動物 x について, x がヒョウであれば, x には斑点がある」となる. なにやらぎこちない言い回しだが, L をすべてのヒョウの集合として量化子を $\forall x \in L$ という形に変形して使う場合には, 数学的な表現が好まれる. なぜなら数学的な推論において量化子の指し示す領域が異なっていると, 混乱やまちがいが生じやすくなるからだ.

初学者は往々にして, 元の「すべてのヒョウに斑点がある」という言明を,

$$\forall x[L(x) \wedge S(x)]$$

とするが, これは間違いである. この言明を言葉で表すと,「すべての動物 x について, x はヒョウであり, 同時に斑点もある」となる. さらにもう少しなめらかな言い方に直すと,「すべての動物はヒョウであり斑点がある」と

なるが，これは明らかに偽だ．そもそもすべての動物がヒョウだというのは嘘である．

このような混乱が生じるのは，存在を巡る言明の扱いが，数学では少し違っているからなのだろう．たとえば，「斑点がある馬がいる」という言明を考えてみる．$H(x)$ が「x は馬である」という言明だとすると，この言明を記号を用いて次のように表すことができる．

$$\exists x [H(x) \land S(x)]$$

この言明をそのまま言葉にすると，「馬であり，しかも斑点があるような動物が存在する」ということになる．そこでこれを，

$$\exists x [H(x) \Rightarrow S(x)]$$

と比べると，これは「馬であれば斑点があるような動物が一匹は存在する」と主張している．たいしたことはいっていないようだが，それでも，この言明の主張が「斑点のある馬が存在する」と同じでないことは確かだ．

修正された量化子を，記号を使って，

$$(\forall x \in \mathcal{A})\phi(x)$$

と表すことができるが，（ただし $\phi(x)$ は，ϕ が変数 x を含む言明であることを表す）これは，

$$\forall x [A(x) \Rightarrow \phi(x)]$$

を省略したものと見ることができる．ただし $A(x)$ は，$\mathcal{A}$ という集まりに含まれる x の属性である．

同じように，

$$(\exists x \in A)\phi(x)$$

も，

$$\exists x[A(x) \wedge \phi(x)]$$

を省略したものと見なすことができる．

二つ以上の量化子を含む言明を否定する場合は，量化子を外から内側に向かって順繰りに操作していけばよい．全体としては ¬ の記号が内側に移動し，その都度各 ∀ が ∃ に，∃ が ∀ に変わる．たとえば，

$$\neg[\forall x \exists y \forall z A(x, y, z)]$$
$$\Leftrightarrow \exists x \neg[\exists y \forall z A(x, y, z)]$$
$$\Leftrightarrow \exists x \forall y \neg[\forall z A(x, y, z)]$$
$$\Leftrightarrow \exists x \forall y \exists z \neg[A(x, y, z)]$$

となる．しかし，前にも述べたようにこの本の目的は思考の力を伸ばすことにあるのであって，考えなくてすむような紋切り型の規則一式を身につけたいわけではない！ 主力産業における数学的な問題にはかなり複雑な言明が含まれていることが多い．数学者が今紹介したような記号操作を用いて後から自分の推論をチェックすることはあっても，最初の推論は，常にその問題の意味に即して行われ

る．決して，最初から記号を使って問題を書き換えて，その記号を機械的に操作していくわけではないのだ．どうか，大学レベルの純粋数学の主な目標は理解することにある，という点を忘れないでいただきたい．数をいじったり問題を解いたりすることは，（広く高校で強調されている唯一の目標だが，）大学では二次的な目標でしかない．一連の手順を応用したからといって，その問題が理解できるとはかぎらない．その問題が何を意味しているのかという観点に立って問題について考え，頭をひねり，その結果，（願わくば）解くことによって，理解に到達するのである．

もう一つ，よく使われる量化子に，

……のような x がただ一つ
(unique〔「一意的に」とも〕) 存在する

があって，通常これは

$$\exists!$$

という記号で表される．この量化子はほかの量化子で定義することができて，

$$\exists!x\phi(x)$$

は，

$$\exists x[\phi(x) \wedge \forall y[\phi(y) \Rightarrow x = y]]$$

を省略したものと見なすことができる（この最後の式がな

ぜ「ただ一つ存在する」ことを表しているのかを，きちんと理解しておくこと）．

練習問題 2.4.5

1. 以下の文を，量化子を用いて表しなさい．対象となる領域は，おのおの括弧内にあるとおり．
 (a) すべての学生はピザが好きである．（すべての人）
 (b) 友達の一人は車を持っていない．（すべての人）
 (c) 象のなかにはマフィンを好まないものがいる．（すべての動物）
 (d) すべての三角形は二等辺三角形である．（すべての幾何学図形）
 (e) このクラスの学生の何人かは，今日ここにいない．（すべての人）
 (f) 誰もが誰かを愛している．（すべての人）
 (g) みんなを愛している人はいない．（すべての人）
 (h) ひとりの男性が来ると，すべての女性が立ち去る．（すべての人）
 (i) すべての人は，背が高いか低い．（すべての人）
 (j) すべての人の背は高い，あるいはすべての人の背は低い．（すべての人）
 (k) すべての貴石が美しいわけではない．（すべての石）
 (l) 誰もわたしを愛さない．（すべての人）
 (m) 少なくとも一匹のアメリカの蛇には毒がある．（すべての蛇）
 (n) 少なくとも一匹のアメリカの蛇には毒がある．（すべての動物）

2. 次の言明のなかで，真なのはどれか．対象となる領域はおのおの括弧内にあるとおり．

(a) $\forall x(x+1 \geqq x)$ （実数）
(b) $\exists x(2x+3 = 5x+1)$ （自然数）
(c) $\exists x(x^2+1 = 2^x)$ （実数）
(d) $\exists x(x^2 = 2)$ （有理数）
(e) $\exists x(x^2 = 2)$ （実数）
(f) $\forall x(x^3+17x^2+6x+100 \geqq 0)$ （実数）
(g) $\exists x(x^3+x^2+x+1 \geqq 0)$ （実数）
(h) $\forall x \exists y(x+y = 0)$ （実数）
(i) $\exists x \forall y(x+y = 0)$ （実数）
(j) $\forall x \exists! y(y = x^2)$ （実数）
(k) $\forall x \exists! y(y = x^2)$ （自然数）
(l) $\forall x \exists y \forall z(xy = xz)$ （実数）
(m) $\forall x \exists y \forall z(xy = xz)$ （素数）
(n) $\forall x \exists y(x \geqq 0 \Rightarrow y^2 = x)$ （実数）
(o) $\forall x[x < 0 \Rightarrow \exists y(y^2 = x)]$ （実数）
(p) $\forall x[x < 0 \Rightarrow \exists y(y^2 = x)]$ （実数）

3. 問題1で記号で表示した言明を否定したうえで，肯定的な形に直しなさい．また，すべての否定を自然な言葉で表しなさい．

4. 問題2のそれぞれの言明を否定したうえで，肯定的な形に直しなさい．

5. 以下の言明の否定を，肯定的な形に直しなさい．
(a) $(\forall x \in \boldsymbol{N})(\exists y \in \boldsymbol{N})(x+y = 1)$
(b) $(\forall x > 0)(\exists y < 0)(x+y = 0)$ （x, y は実数の変数）
(c) $\exists x(\forall \varepsilon > 0)(-\varepsilon < x < \varepsilon)$ （x と ε は実数の変数）
(d) $(\forall x \in \boldsymbol{N})(\forall y \in \boldsymbol{N})(\exists z \in \boldsymbol{N})(x+y = z^2)$

6. 106ページの練習問題2.4.2の7で紹介した「人は，すべての人々を一時だけだませるかもしれず，一部の人を常にだまし続けられるかもしれないが，すべての人を常にだまし続けるこ

とはできない」という引用の否定を，肯定的な形で表しなさい．

7. 実関数 f が点 $x=a$ で連続であることは一般に，

$$(\forall \varepsilon > 0)(\exists \delta > 0)(\forall x)[|x-a| < \delta \Rightarrow |f(x)-f(a)| < \varepsilon]$$

で定義される．これをふまえて，f が a で不連続であることを形式的に定義しなさい．ただし，定義は肯定的な形で述べること．

第3章 証　明

自然科学では，ある事柄が真であるかどうかを，観察や測定や（究極の判断基準である）実験などの経験的手法で立証する．いっぽう数学では，ある事柄が真であるかどうかを，**証明**を構成することで確定する．証明とは，ある言明が真であることを示す論理的に妥当な議論である．

　ここでいう「議論」は，むろん，日常的に広く用いられている「二者の間の不一致」を意味するわけではない．かといってまったくの無関係でもなく，優れた証明は，読み手が提示するであろうすべての異議や異論に（暗に，あるいはあからさまに）先手を打って反論していく．プロの数学者が証明を読む際には，通常，証人に反対尋問を行う法律家のような態度で絶えず証明のあらを探しながら読み進む．

　証明を構築する力を培うこと，それが大学数学の大半だといえる．証明を行う力はとうてい数週間で身につくようなものではなく，長い年月が必要だ．短期間でできることがあるとすれば，——ここではその点でみなさんの手助けをしたいのだが——数学的な命題を証明することの意味を少しだけ理解して，数学者がなぜ証明を巡ってこんなに大騒ぎするのかを理解することくらいなのだ．

3.1 証明とは何か

証明を構築する目的は，大きくいって二つある．真偽を確定することと，それをほかの人々に伝えること．

わたしたちは，証明を組み立てたり読んだりすることで，その申し立てが真であると納得する．ある数学的な言明が真だと直観したとしても，証明されるまでは——あるいは，証明を読んで納得するまでは——確信が持てない．

だがそれだけでなく，誰かほかの人を納得させる必要があったりするかもしれない．これらの目標を達成するためにも，証明ではその主張が真である理由を説明する必要がある．自分が納得するという第一の目的のためには，その推論が論理的に妥当で，後からその筋を追うことができさえすればよい．ところが誰か他の人を納得させるという第二の目的のためには，それだけでは足りず，読み手にもわかるような形で説明する必要がある．つまりほかの人を納得させるための証明は，論理的に妥当であるだけでなく，意思疎通がうまくいかなければならないのだ（複雑な証明の場合は，数日とか数週間，あるいは数カ月，数年経ったときにも数学者自身がその証明を追えないと困る．そのため，自分自身のために構築した証明でもコミュニケーションとしてうまく機能する必要がある）．

「想定された読者対象にきちんと説明が伝わる証明であるべし」という条件によって，証明のハードルが上がる場

合もあって，ときには証明があまりに複雑かつ難解で，その分野の一握りの専門家にしか理解できなかったりする．たとえば，何百年ものあいだほとんどの数学者が，$n \geqq 3$ の場合には $x^n + y^n = z^n$ となる整数 x, y, z は存在しないと信じて——少なくとも，強く感じて——いた．偉大なフランスの数学者ピエール・ド・フェルマーがこの予想を発表したのは 17 世紀，ところがその事実が証明されたのは，ようやく 1994 年のことだった．この年にイギリスの数学者アンドリュー・ワイルズがきわめて長く深遠な証明を作り上げたのだ．（わたし自身を含む）ほとんどの数学者は，その分野に関してワイルズの証明を自力で追えるほどの知識を持ち合わせていなかったが，それでも（解析的数論と呼ばれる）その分野の専門家はワイルズの証明に納得し，その結果，長い歴史を持つフェルマーの予想は今や定理とされている（この定理が広く「フェルマーの最終定理」と呼ばれているのは，フェルマーが示したいくつかの数学的な主張のなかで，最後まで証明されずに残っていた定理だからだ）．

そうはいってもフェルマーの最終定理は稀な例で，数学のほとんどの証明は，プロの数学者であれば誰でも読めて理解できる．ただし，納得するまでには何日も，あるいは何週間も，何カ月もかかる可能性があるのだが……（この本では，ごくふつうの読者なら数分，長くても 1 時間くらいで理解できる例を選んだ．大学の数学科の専門課程で取り上げられる例は，通常最大でも数時間粘れば理解する

ことができる).

　数学的な主張を裏付ける証拠をたくさん集めたからといって，その主張を証明したことにはならない．一つ有名な例として，18世紀半ばのスイスの偉大な数学者レオンハルト・オイラー〔1707-1783〕の「2より大きい偶数は，すべて二つの素数の和で書ける」という予想を紹介しよう．偶数のこの性質をオイラーに教えたのがクリスティアン・ゴールドバッハ〔1690-1764〕であったことから，この予想は「ゴールドバッハの予想」と呼ばれるようになった．コンピュータを使えば，具体的な個々の偶数でこの主張が成り立っているかどうかをチェックすることができて，現時点（2012年7月）では1.6×10^{18}（160京）までの数で成り立つことが確認されている〔2018年7月の時点で，4×10^{18}まで確認されている〕．そして，ほとんどの数学者がこの予想は正しいと考えているが，それでもまだ証明はされていない．

　この予想が誤りであることを示すには，二つの素数の和にならない偶数nを一つ見つければよい．

　ちなみに数学者たちは，ゴールドバッハ予想が重要だとは考えていない．なぜならこの言明を現実世界に応用することはできそうになく，数学のなかに限っても，意義深い結果には繋がりそうにないからだ．この予想が有名になったのは，ひとえに，内容を簡単に理解することができて，オイラーが認めていて，しかも250年以上にわたって数学者たちの解決への努力を跳ね返し続けてきたからなの

だ．

みなさんが高校でどう教わってきたかは知らないが，これこれこういう形の推論でなければ証明ではない，という特定の形式があるわけではない．証明が証明であるために絶対に必要なのはただ一つ，何らかの申し立てが正しいということがきちんと示されている論理的に妥当な推論であるということだけ．そしてその次に重要なのが，想定されている読み手が——多少の努力はするにしても——その推論を追えるようにきちんと表現されているということなのだ．プロの数学者が想定する読者は同じ分野の専門知識を持つ数学者たちで，学生や素人向けの証明では，通常さらに説明が必要になる．

つまり証明を構築する側には，自分自身だけでなく想定された読み手をも納得させられる論理的に妥当な推論を構成するには何が必要なのかを判断する力が求められるのだ．とはいえ，規則の一覧がありさえすれば判断が下せるというものでもない．数学の証明の構築は人間の頭脳のもっとも創造性に富んだ行為であって，ほんとうに独創的な証明を構築できる人は稀である．それでもそれなりの知性がある人なら，少し努力するだけで証明の基本をマスターすることができる．それが，ここでの狙いなのだ．

この前の章〔52ページ〕で紹介した「素数は無限に存在する」というユークリッドの証明は，飛び抜けた洞察力を必要とする証明の格好の例といってよい．あの推論には，独創的な着想が二つ含まれていた．一つ目は，

$p_1, p_2, p_3, \cdots, p_n$ という具合に素数をどこまででも数え上げられることを示す（つまり，迂回した形で無限であることを証明する）という手段をとったこと，そしてもう一つが，$(p_1 \cdot p_2 \cdot p_3 \cdot \cdots \cdot p_n)+1$ という数に着目した点だ．第一の着想には，たいていの人が最後にはたどり着けると思う．というか，わたし自身はたどり着けたと思いたい．（わたしは十代のときに，ある本でこの証明に出くわした．そして，著者が証明を隠したうえで，自力で解いてごらんといってくれていたらよかったのに，と思った．そうすれば，力試しができたのに．）だが，二つ目の着想はまさに天才の一撃といえる．自分も結局はこの着想にたどり着けたはずだ，と思いたいところだが……正直いって自信がない．だからこそ，このユークリッドの証明に魅せられ，その核となる素晴らしい着想を存分に楽しむことができるのだ．

3.2 矛盾による証明

ではここでもう一つ，じつに巧みな証明のみごとな実例を紹介しよう．「矛盾を使った証明」すなわち背理法と呼ばれる強力な戦略の例だ．ここでは数学の伝統的なやり方に則って，まず証明の結果を**定理**として紹介し，それからその**証明**を紹介する*．だがこれはあくまで様式の問題で

---

* 「定理」は古代ギリシャで発明されたものなので，英語の theorem はギリシャ語に由来する〔ギリシャ語で「思索，理

あって，証明の結果が「定理」となり，それを立証する推論が「証明」になるのは，その推論が論理的に妥当で，主張されている結果を実際にきちんと示しているからなのだ．ここではまず問題の推論を紹介したうえで，なぜそれが証明といえるのかを見ていく．

定理 $\sqrt{2}$ は無理数である．

証明 逆に，$\sqrt{2}$ が有理数だと仮定すると，

$$\sqrt{2} = \frac{p}{q}$$

を満たす自然数 p, q があるはずだ．ただし p と q は公約数を持たない．これを 2 乗すると

$$2 = \frac{p^2}{q^2}$$

となって，両辺に q^2 をかけると，

$$p^2 = 2q^2$$

となる．したがって p^2 は偶数である．しかるに奇数の 2 乗は奇数だから，p そのものも偶数であるはずだ．ということは，$p = 2r$ となる自然数 r があるはずだ．そこでこれを最後の方程式の p に代入すると，

論」を意味する θεώρημα より〕．数学に対するローマ人の関心ははるかに実際的だったから，数学の語彙集を開いても，ラテン語の theorum は載っていない．

$$(2r)^2 = 2q^2$$

となる．よって

$$4r^2 = 2q^2$$

となり，この両辺を 2 で割ると，

$$2r^2 = q^2$$

となる．つまり，q^2 は偶数なのだ．ということは，q も偶数であるはずだ．ところが p は偶数なので，p と q が公約数を持たないということと矛盾する．したがって「$\sqrt{2}$ は有理数である」というもとの仮定が偽だったということになる．いいかえれば，$\sqrt{2}$ は無理数でなければならない．以上，証明終わり．□

（証明の最後に四角などの記号を書くのは，数学の教科書を簡単に速読できるようにするための習慣である．こうしておけば，はじめて教科書を読む読者は簡単に証明を跳ばすことができる．）

この定理を数学的な証明の最初の例として紹介する講師が多いのは，この定理がいろいろな意味で優れているからだ．

第一に，この結果自体が歴史的にとほうもなく大きな意味を持っている．古代ギリシャの人々がこの事実を発見したことで——つまり，自分たちの手持ちの数で測りきれな

い幾何学的な長さがあることが示されたことで——古代ギリシャの数学は危機に陥った．そして数学者たちはそれから 2000 年が経った 19 世紀後半になって，ようやくどんな幾何学的長さでも測れる（実数体系という）数の概念を展開したのである．

第二に，この証明はきわめて短い．第三に，正の整数に関する初歩的な概念しか使っていない．第四に，きわめて一般的なアプローチが使われている．そして最後に，きわめて巧みな着想を用いている．

では，まずこの証明のアプローチについて．この証明は，「背理法」と呼ばれる一般的な手法の実例になっている．ある命題 ϕ を証明したい．そのときに，まず $\neg\phi$ を仮定し，そこから推論を進めて，明らかに偽である命題が正しいことを示してみせる．ちなみにこの部分は，ψ という命題とその否定の $\neg\psi$ の両方を用いた形になることが多い．そこまでの推論が正しければ，真である前提から偽である結果を演繹することはできないから，最初に前提とした $\neg\phi$ が偽であるはずだ．いいかえれば，ϕ は真でなくてはならない．

この方法を，対偶による証明の特別な例と見ることもできる．93 ページの練習問題 2.3.5 の 12 で見たように，$\neg\phi \Rightarrow \theta$ は $\neg\theta \Rightarrow \phi$ と同値である．ϕ を背理法で証明するには，$\neg\phi$ からはじめて，F という偽の言明を演繹することになる．つまり，$\neg\phi \Rightarrow $ F を示すわけだ．ところがこれは T $\Rightarrow \phi$ の対偶だから，じつは T $\Rightarrow \phi$ を証明したこ

とになる．したがって前件肯定式（86ページの練習問題 2.3.4の4）によって，ϕは真だといえる．

矛盾によって証明を行うという着想に馴染んで，$\neg\phi$から矛盾を演繹することがなぜϕを証明したことになるのかを理解できたなら，今紹介した推論に納得せざるを得ない．あとは証明を1行1行読み進み，「この1行に何か正しくないことが含まれているだろうか」と自問していくだけだ．そして，いっさい不備に遭遇することなく推論の最後の行にたどり着くことができれば，ϕは真だと確信できる．

$\sqrt{2}$が無理数であるという証明の場合には，論証全体の成否が，偶数対奇数の問題にかかっている．二つの数p, qが公約数を持たないという前提には，何の問題もない．なぜなら，どんな分数でも必ず分母と分子が（1以外に）公約数を持たないようなもっとも単純な形で書くことができるからだ．

ここまで，この短い論証をずいぶん長々と検討してきたが，わたしの長年の経験からいって，初学者がほんとうの意味で証明を理解するのはそう簡単ではない．みなさんは理解したと思っておられるかもしれないが，ほんとうにそうなのだろうか．というわけで，ご自分でもこれと同じような証明を構築できるかどうか，確かめてみていただきたい．その上でもし構築できたなら，今度はその証明を一般化できるかどうか，確かめていただきたい．そのためにも，みなさんにはぜひ次の練習問題に取り組んでほしい．

ただし、それなりの時間を割くつもりで。この本は問題を解くためにあるわけではない、ということをどうかお忘れなく。この本の目標は、数学的に考えられるようになることにある。ところが自転車に乗ることや、スキーをすることや、車の運転を習得するのと同じで、数学的に考えられるようになるには、とにかく自分で考えるしかない。答えを見たり、誰かに教えてもらったりしても、何の役にも立たない。そんなのはまったくの無駄で、ここで手を抜くと、後でツケが回ってくる。時間をかけて自力で問題を解くことが重要なのだ。

練習問題 3.2.1

1. $\sqrt{3}$ が無理数であることを証明しなさい。
2. すべての自然数 N について、$\sqrt{N}$ が無理数である、というのは真ですか。
3. もし真でないとしたら、$\sqrt{N}$ は N がどのようなときに無理数になるか。その答えを「$\sqrt{N}$ は N が……のとき、そのときに限って無理数である」という形に定式化して、その命題を証明しなさい。

*

背理法がなぜ広く行われているかというと、証明の出発点がはっきりしているからだ。ある言明 φ の直接的な証明を得るには、最後に φ にたどり着くような推論を構築しなければならない。でも、いったいどこから始めればいいんだ？ 前に進むための手段はただ一つ、推論を順繰り

に後戻りさせて，どんなステップを連ねればϕに行き着くのかを割り出すしかない．推論の出発点の候補はたくさんあるのに，ゴールはたった一つで，しかもそのゴールに達する必要がある．これはいかにも難しそうだ．ところが背理法の場合は出発点がはっきりしていて，矛盾を導きさえすれば——どんな矛盾でもかまわない！——証明が完成する．ゴールの間口がこれだけ広ければ，往々にして作業ははるかに楽になる．

　背理法を用いた証明は，特に何かが存在しないことを示すのに向いている．たとえば，ある特別なタイプの方程式には解がない，といった言明だ．その場合，そのような対象が存在するという仮定から出発して，（仮定された）対象を用いて誤った結果，あるいは互いに矛盾する一組の言明を導き出す．$\sqrt{2}$が無理数であることの証明がそのいい例で，この言明は，その比が$\sqrt{2}$に等しい二つの自然数p, qが存在しないことを主張している．

3.3　条件法の証明

　紋切り型の証明構築法——当てはめさえすればそれですむというテンプレート——はないとしても，証明の指針ならいくつかあって，つい先ほども，結論から逆に戻ることと，結論を否定すること，この二つの指針に出会ったところだ．背理法による証明が優れたアプローチになるのは，証明の出発点が一見明確でない場合で，そこから

特に、何が存在しないという言明を立証するのに役立つ．むしろ、証明を構築しなければならないことに変わりはなく、ようするに、狭いゴールポストと不明確な出発点を広いゴールポストと明確な出発点に置き換えただけなのだが、それでも米国の詩人ロバート・フロスト〔1874-1963〕がその有名な詩「選ばれざる道」でうたった道の分岐のように〔「黄色く染まった林の中、道は二つに分かれていた／二筋ともに歩むすべなく……」で始まる〕、どちらを選ぶかによってすべてががらりと変わる．

証明の指針は、ほかにもいろいろある．これからその一部を紹介していくが、これらが決してテンプレートではないということを、どうかお忘れなく．証明を構築するためのテンプレートを探しているあいだは、かなりの困難に出くわすことになる．新たな問題に直面したときは、まず自分が証明しようと考えている言明を分析するところからはじめるべきなのだ．この言明は、厳密には何をいっているのか、この主張を立証するにはどのような推論が必要なのかを考える．

たとえば、次のような条件法が真であることを証明したい．

$$\phi \Rightarrow \psi$$

条件法の定義からいって、ϕが偽ならこの式は常に真である．したがって、ϕが真の場合だけを考えればよく、ここからϕは真であると仮定してよい．すると、この条件法

が真であるためには、ψ も真でなければならな なる.

ということはつまり、ϕ が真であるという仮 に立って、ψ が真であることを示す推論を展開する必要 ある わけだ. もちろんこれは、わたしたちが日常的に理 ている「ならば」という包含の意味と一致している. って条件法を証明する場合は、わたしたちが前に論じた 件法とほんものの包含との区別は考えなくてよい.

今、具体的な例として、どんな実数の組 x, y でも、

$$(x と y が有理数) \Rightarrow (x+y は有理数)$$

となることを証明したいとする. まず最初に x と y が有理数だと仮定すると、

$$x = \frac{p}{m},\ y = \frac{q}{n}$$

となるような整数 p, q, m, n が存在する. このとき、

$$x+y = \frac{p}{m} + \frac{q}{n} = \frac{pn+qm}{mn}$$

となる. しかるに $pn+qm$ と mn は整数だから、$x+y$ は有理数だという結論が得られる. これで、この言明が正しいことが証明された.

練習問題 3.3.1

r と s を無理数とする. 以下のそれぞれについて、その値が必ず無理数になるかどうかを判別して、自分の答えに証明をつけなさい（最後の値を巡る推論はじつにみごとで、この後すぐにみな

さんに答えを紹介するつもりだが、まずはぜひ自力で解けるかどうかやってみていただきたい).

(1) $r+3$
(2) $5r$
(3) $r+s$
(4) rs
(5) $\sqrt{r}$
(6) r^s

*

量化子を含む条件法では，ときには対偶を使った証明，つまり $\phi \Rightarrow \psi$ と $(\neg\psi) \Rightarrow (\neg\phi)$ が同値であるという事実を使った方法が最適だったりする．

たとえば，未知の角度 θ に関する次のような条件法を証明したいとする．

$$(\sin\theta \neq 0) \Rightarrow (\forall n \in \boldsymbol{N})(\theta \neq n\pi)$$

この言明は，

$$\neg(\forall n \in \boldsymbol{N})(\theta \neq n\pi) \Rightarrow \neg(\sin\theta \neq 0)$$

と同値だが，これを整理すると，

$$(\exists n \in \boldsymbol{N})(\theta = n\pi) \Rightarrow (\sin\theta = 0)$$

という肯定の形になる．ところがこの含意が正しいことは既に〔高校で習っており〕知っているので，同値の意味からいって，最初の含意が証明されたことになる（ある言明

を証明するには，その言明と同値の言明を証明すれば十分である）．

$\phi \Leftrightarrow \psi$ という双条件的（同値）関係を証明するには，一般に，$\phi \Rightarrow \psi$ と $\psi \Rightarrow \phi$ の二つの条件法を証明する（なぜこれで十分なのでしょう）．

しかしときには，$\phi \Rightarrow \psi$ と $(\neg \phi) \Rightarrow (\neg \psi)$ の二つの条件法を証明するほうが自然な場合がある（なぜそれでよいのでしょう）．

練習問題 3.3.2

1. なぜ $\phi \Rightarrow \psi$ と $\psi \Rightarrow \phi$ を証明すれば，$\phi \Leftrightarrow \psi$ が真であることが証明できるのかを説明しなさい．

2. なぜ $\phi \Rightarrow \psi$ と $(\neg \phi) \Rightarrow (\neg \psi)$ を証明すれば，$\phi \Leftrightarrow \psi$ が真であることが証明できるのかを説明しなさい．

3. 5 人の投資家が 200 万ドルの配当を受け取るとしたら，少なくとも 1 人の投資家が最低でも 40 万ドルを受け取ることを証明しなさい．

4. 以下の条件法の逆を作りなさい．
 (a) ドルが下がれば元が上がる．
 (b) $x < y$ なら $-y < -x$（ただし x, y は実数）．
 (c) 二つの三角形が合同なら，その面積は等しい．
 (d) 二次方程式 $ax^2 + bx + c = 0$ は，$b^2 \geq 4ac$ であれば必ず解を持つ（a, b, c, x はすべて実数で，$a \neq 0$ とする）．
 (e) ABCD を四辺形とする．ABCD の二組の対辺がそれぞれ等しければ，二組の対角もそれぞれ等しい．
 (f) ABCD を四辺形とする．四つの辺がすべて等しければ，四つの角はすべて等しい．
 (g) n が 3 で割り切れなければ，$n^2 + 5$ は 3 で割り切れる．

（n は自然数）

5. 問題 4 の (a) 以外の言明について，どれが真ですか．どれの逆が真ですか．どれが同値ですか．自分の答えに証明をつけなさい．

6. m, n を整数として，次の言明を証明しなさい．

(a) m, n が偶数なら，$m+n$ は偶数．
(b) m, n が偶数なら，mn は 4 で割り切れる．
(c) m, n が奇数なら，$m+n$ は偶数．
(d) m, n の片方が偶数でもう片方が奇数なら，$m+n$ は奇数．
(e) m, n の片方が偶数でもう片方が奇数なら，mn は偶数．

7. 「整数 n は，n^3 が 12 で割り切れるとき，そのときに限って 12 で割り切れる」という言明が正しいことを証明するか，誤りであることを示しなさい．

8. 141 ページの練習問題 3.3.1 の (6) をまだ解いていないのであれば，ここでもう一度，挑戦しなさい（ヒント：$s = \sqrt{2}$ を使うこと）．

3.4 量化子を含む言明の証明

$\exists x A(x)$ という言明が正しいことを証明するもっともあからさまな方法として，$A(a)$ であるような対象 a を実際に見つけるというやり方がある．たとえば無理数が存在することを証明するには，$\sqrt{2}$ が無理数であることを示せばよい．ところが場合によっては，もっと回りくどいやり方をするしかないことがある．そのよい例が 141 ページの練習問題 3.3.1 の最後の問いだ．先ほど「後でもう一度

取り上げる」と約束したことでもあり，ここであの問題を再度考えてみる．（まだ問題を解いていない方は，もう一踏ん張りしたうえで，この先を読んでいただきたい．）

定理 r^s が有理数になるような，無理数 r, s が存在する．

証明 二つの場合に分けて考える．

その 1. $\sqrt{2}^{\sqrt{2}}$ が有理数なら，$r = s = \sqrt{2}$ とすれば，定理は証明される．

その 2. $\sqrt{2}^{\sqrt{2}}$ が無理数なら，$r = \sqrt{2}^{\sqrt{2}}, s = \sqrt{2}$ とすれば，

$$(\sqrt{2}^{\sqrt{2}})^{\sqrt{2}} = (\sqrt{2})^{(\sqrt{2} \cdot \sqrt{2})} = (\sqrt{2})^2 = 2$$

となって，やはり定理は証明される．□

今の証明で，この二つの場合のうちのどちらが成り立っているのかは不明だ，という点に注意しよう．r^s が有理数になるような一組の無理数 r, s をじっさいに探し出したわけではなく，r^s が有理数になるような対が存在することを示したにすぎない．この証明は**場合分けによる証明**の一例で，これも，有効なテクニックの一つである．

次に，$\forall x A(x)$ という全称命題の証明方法を見ていこう．たとえば，任意の x を取って来て，それが $A(x)$ を満たしているはずだ，ということを示すのも一つの方法だ．たとえば，

$$(\forall n \in \boldsymbol{N})(\exists m \in \boldsymbol{N})(m > n^2)$$

という主張を証明したいとする.その場合は,次のようにすればよい.

n を任意の自然数とすると,n^2 は自然数になる.したがって $m = n^2 + 1$ も自然数である.$m > n^2$ だから,

$$(\exists m \in \boldsymbol{N})(m > n^2)$$

であるといえる.

この推論が証明になっているのは,もともとの n が任意ということで,きわめて恣意的になっているからだ.n については何も語られず,どんな自然数でもかまわない.そのためこの推論は,$\boldsymbol{N}$ に含まれるすべての n で成り立つ.ところがここで特別な n を取ってくると,話がまるで違ってくる.まったく無作為に,たとえば $n = 37$ を選んだとすると,この n はきわめて無作為に選ばれているにもかかわらず,証明自体は正しくなくなる.たとえば,

$$(\forall n \in \boldsymbol{N})(n^2 = 81)$$

を証明したいとする.このとき,まったくでたらめに具体的な n を選んだ結果,たまたま $n = 9$ になるかもしれない.しかしだからといって,この言明が証明されたことにはならない.なぜならわたしたちは(たとえわたしたちの目標にとっては不運だったとしても)具体的な n を任意に選んだのであって,任意の n を選んだわけではないか

らだ.

実際に証明する場合は,「n を任意の数とする」という言葉で証明をはじめたら,必ず最後まで n という記号を使い続ける.このとき,その n の値が常に一定であることが前提になるが,n の値そのものにはまったく制限がかかっていない.

$\forall x A(x)$ という形の言明は,背理法で証明されることが多い.$\neg \forall x A(x)$ と仮定すると,$\neg A(x)$ であるような x が得られる(なぜなら $\neg \forall x A(x)$ は $\exists x \neg A(x)$ と同値だから).これで出発点が見つかったことになるが,終点(つまり矛盾)を見つけるのはそう簡単ではない.

練習問題 3.4.1

1.「すべての鳥が空を飛べる」という言明が正しいことを証明するか,誤りであることを示しなさい.

2. $(\forall x, y \in \boldsymbol{R})[(x-y)^2 > 0]$ という言明が正しいことを証明するか,誤りであることを示しなさい.

3. 互いに等しくない二つの有理数の間には必ず三つ目の有理数があることを証明しなさい.

4. 以下の言明が真か偽かを述べ,自分の答えに証明をつけなさい.
  (a) $x+y=y$ となるような実数 x, y が存在する.
  (b) $\forall x \exists y (x+y=0)$ (x, y は実数の変数)
  (c) $(\exists m \in \boldsymbol{N})(\exists n \in \boldsymbol{N})(3m+5n=12)$
  (d) すべての整数 a, b, c について,bc が a で割り切れる(余りが出ない)のなら,b か c が a で割り切れる.
  (e) 連続する五つの整数の和は,5 で割り切れる(余りがでな

い).

(f) 任意の整数 n について,n^2+n+1 は奇数である.

(g) 任意の異なる有理数の間には,3 番目の有理数がある.

(h) いかなる実数 x,y についても,x が有理数で y が無理数なら,$x+y$ は無理数になる.

(i) いかなる実数 x,y についても,$x+y$ が無理数なら,x,y の少なくとも一つは無理数である.

(j) いかなる実数 x,y についても,$x+y$ が有理数なら,x,y の少なくとも一つは有理数である.

5. m^2+mn+n^2 が完全平方であるような整数 m,n が存在する,という主張を証明するか,誤りであることを示しなさい.

6. いかなる正の数 m についても $mn+1$ が完全平方になるような正の整数 n が存在することを証明しなさい.

7. 正の整数 b,c を係数とする二次式 $f(n) = n^2+bn+c$ で,すべての正の整数 n に対して $f(n)$ が合成数である(つまり,素数でない)ものが存在することを示しなさい.

8. 平面上のあらゆる有限個の点の集合について,すべての点が同一線上にないのであれば,そのうちの 3 点を頂点とする三角形で,内側に残りの点を一つも含まないものが存在することを証明しなさい.

9. 2 より大きな偶数はすべて二つの素数の和で書ける(ゴールドバッハの予想)とすると,5 より大きな奇数はすべて三つの素数の和で表せることを証明しなさい.

*

全称命題を証明する方法はほかにもあって,特に,

$$(\forall n \in \boldsymbol{N})A(n)$$

の形の言明で，量化の領域がすべての自然数である場合には，数学的帰納法と呼ばれる方法で証明されることが多い．

3.5 帰納法による証明

数論は，数学のなかでももっとも重要な分野の一つである．この分野では，$1, 2, 3, \cdots$ といった自然数の性質を調べる．この次の章では，数論の初歩的なトピックをいくつか取り上げることになるが，ここでは，この分野の帰納法を用いた証明のすぐれた例を紹介する．たとえば任意の自然数 n について，

$$1 + 2 + \cdots + n = \frac{1}{2} n(n+1)$$

を証明したいとする．

手始めに，n が小さい値のときにこの式が成り立つかどうかを調べる．

$n = 1$: $1 = \frac{1}{2}(1)(1+1)$
　　　　両辺は 1 だから正しい．
$n = 2$: $1 + 2 = \frac{1}{2}(2)(2+1)$
　　　　両辺は 3 だから正しい．
$n = 3$: $1 + 2 + 3 = \frac{1}{2}(3)(3+1)$
　　　　両辺は 6 だから正しい．
$n = 4$: $1 + 2 + 3 + 4 = \frac{1}{2}(4)(4+1)$

両辺は 10 だから正しい.

$n=5$: $1+2+3+4+5 = \dfrac{1}{2}(5)(5+1)$

両辺は 15 だから正しい.

さらにあと一つ二つの例を調べてみて, すべての場合に成り立つことがわかれば, どうやらこの式はどの n でも成り立ちそうだ, ということになる. もっとも, 例を使って延々確認し続けてみたとしても, それだけでは証明にならない.

たとえば, $P(n) = n^2 - n + 41$ という多項式の $n = 1, 2, 3, \cdots$ での値を求めてみてほしい. するとどの値も素数になるが, これは, n が 41 未満のときに限られる. じっさい, n が 1 から 40 までのあいだは $P(n)$ の値はすべて素数になるが, 41 では $P(41) = 1681 = 41^2$ となるのだ. この特殊な素数製造多項式は, 1772 年にオイラー〔1707-1783〕によって発見された.

いっぽうで, 自然数の和を巡る式の真偽を確認するために行ってきた一連の計算から, それらの数でこの式が成り立つということと別の事実が浮かびあがってくる. 一つまた一つと計算をするなかで, あるパターンが見えてくるのだ. 数学的な帰納法は, パターンの繰り返しに気づくことで機能する有効な証明方法なのである. 直観的にいってしまうと, 示したい結果が成り立つことをどこまで示したとしても, さらにそのもう一段先でも必ずその事実が成り立つことを示せるという事実を示してみせる. これをもっと

正確な形でまとめると次のようになる.

数学的帰納法による証明の手順

$$(\forall n \in \boldsymbol{N})A(n)$$

という形の言明を帰納法で証明するには,次の二つの言明を立証すればよい.

(1) $A(1)$ (最初のステップ)
(2) $(\forall n \in \boldsymbol{N})[A(n) \Rightarrow A(n+1)]$ (帰納のステップ)

この二つが相まって $(\forall n \in \boldsymbol{N})A(n)$ を意味することになる理由は,以下の通り. (1) からいって, $A(1)$ である. (2) からいって,(その特別な場合として)$A(1) \Rightarrow A(2)$ である. したがって $A(2)$ が成り立つ. さらに (2) の特別な場合として $A(2) \Rightarrow A(3)$ だから,$A(3)$ が成り立つ. これをくり返していけば,すべての自然数 n について $A(n)$ が成り立つといえる.

ここで注意したいのが,実際に証明すべきこの二つの言明が,じつは元来証明しようとしていた言明とは異なっているという点だ. わたしたちが実際に証明するのは,第一の事例 (1) と条件法 (2) なのである. この二つの言明から結論である $(\forall n \in \boldsymbol{N})A(n)$ (については今説明した) に至るステップを,**数学的帰納の原理**という.

ではここで一つの例として,自然数の和に関する結果を帰納法で証明してみよう.

3.5 帰納法による証明

定理 任意の n について,
$$1+2+\cdots+n = \frac{1}{2}n(n+1)$$
が成り立つ.

証明 まず, $n=1$ の場合の結果を確認する. このときの式は $1 = \frac{1}{2}(1)(1+1)$ となり, 両辺は 1 になるので, これは正しい.

そこで今度は, この式が任意の n で成り立つと仮定する.
$$1+2+\cdots+n = \frac{1}{2}n(n+1)$$
この (仮定された) 式の両辺に $n+1$ を加えると

$$\begin{aligned}
1+2+\cdots+n+(n+1) &= \frac{1}{2}n(n+1)+(n+1) \\
&= \frac{1}{2}[n(n+1)+2(n+1)] \\
&= \frac{1}{2}(n^2+n+2n+2) \\
&= \frac{1}{2}(n^2+3n+2) \\
&= \frac{1}{2}(n+1)(n+2) \\
&= \frac{1}{2}(n+1)[(n+1)+1]
\end{aligned}$$

となるが, これはまさに n を $n+1$ で置き換えた式である.

したがって数学的帰納の原理から, この式がすべての n

で成り立つと結論できる. □

練習問題 3.5.1

上の証明にかんして,

1. 帰納によって証明される言明 $A(n)$ に相当するものを書き下しなさい.
2. 最初のステップ $A(1)$ に相当するものを書き下しなさい.
3. 帰納ステップである, $(\forall n \in \boldsymbol{N})[A(n) \Rightarrow A(n+1)]$ に相当するものを書き下しなさい.

*

帰納による証明は,直観的には自明のように——つまり,自然数すべてにわたる一段ずつの作業は決して破綻しないことを示していると——思えるが,じつはこの原理にはかなり深い意味がある.(なぜならその結論が,自然数の無限集合に関するものだからで,無限が絡む問題はまずもって単純ではありえない.)

もう一つ,別の例を見てみよう.今度は,帰納の原理との関係を明確にした形で言明を述べる.じっさいには,明確にしなくてもよいのだが……

定理　$x>0$ であれば,任意の $n \in \boldsymbol{N}$ について,

$$(1+x)^{n+1} > 1+(n+1)x$$

が成り立つ.

証明

$$(1+x)^{n+1} > 1+(n+1)x$$

という言明を $A(n)$ で表す.すると,$A(1)$ は,

$$(1+x)^2 > 1+2x$$

という言明になるが,これは

$$(1+x)^2 = 1+2x+x^2$$

という 2 項式の展開と $x>0$ という条件からいって真である.

そこで次に,

$$(\forall n \in \boldsymbol{N})[A(n) \Rightarrow A(n+1)]$$

を証明する.そのために,$\boldsymbol{N}$ のなかの任意の n を取って来て,

$$A(n) \Rightarrow A(n+1)$$

という条件法を証明する.つまり $A(n)$ が成り立つことを仮定して,$A(n+1)$ を演繹するのである.

$$\begin{aligned}
(1+x)^{n+2} &= (1+x)^{n+1}(1+x) \\
&> (1+(n+1)x)(1+x) \quad (A(n) \text{ より}) \\
&= 1+(n+1)x+x+(n+1)x^2 \\
&= 1+(n+2)x+(n+1)x^2 \\
&> 1+(n+2)x \quad (x>0 \text{ だから})
\end{aligned}$$

これは，$A(n+1)$ が成り立つことを示している．

したがって帰納により（つまり数学的な帰納の原理により），定理が証明された．□

ようするに，帰納法を使った証明では，すべての自然数 n についてある言明 $A(n)$ が正しいことを証明しようとする．まず，$A(1)$ が真であることを証明するわけだが，これは通常，少し観察すればすむ．その上で，代数を用いた推論を用いて，任意の n について

$$A(n) \Rightarrow A(n+1)$$

が成り立つことを証明する．その際の手順は，一般に次のようになる．まず $A(n)$ を仮定する．そのうえで $A(n+1)$ の言明に注目し，それをなんとかして $A(n)$ に帰結させようとがんばる．しかるに $A(n)$ は真だと仮定されているから，ここから $A(n+1)$ が真であるという結論に達する．ここまでくれば，あとは数学的帰納の原理によって，帰納による証明が完成する．

帰納法による証明を正式に提示するときには，以下の3点をどうかお忘れなく．

(1) 帰納法が使われているということをはっきりさせておくこと．
(2) $n=1$ の場合を証明すること（あるいは最低でも，$n=1$ の場合が明らかに真であることをはっきりと示すこと）．

(3)（難しい部分）$A(n) \Rightarrow A(n+1)$ という条件法を証明すること．

たまに登場する帰納法の変形版として，次のような言明の証明がある．

$$(\forall n \geqq n_0)A(n)$$

ただし，n_0 はある自然数である．このような場合，帰納の第一段階では，$A(1)$ が成り立つことではなく（$A(1)$ は成り立たないかもしれない），$A(n_0)$——つまり第一の事例——が成り立つことを確認する．そして証明の第二段階では，

$$(\forall n \geqq n_0)[A(n) \Rightarrow A(n+1)]$$

を証明することになる．じっさい次に紹介する定理——算術の基本定理の一部——の証明も，このような手順に従っている．

定理 1より大きな自然数はすべて，素数か素数の積である．

証明 みなさんはまず，

n は素数か，素数の積である

を $A(n)$ で表して，

$$(\forall n \in \boldsymbol{N})A(n)$$

という言明を帰納法で証明すべきだと考えるかもしれない．ところがすぐに明らかになるのだが，この $A(n)$ を（もっと強い）

$1 < m \leqq n$ であるようなすべての
自然数 m は素数か素数の積である

という言明 $B(n)$ で置き換えたほうが，証明しやすい．

ということで，証明を始めよう．ここでは帰納法で，$n > 1$ であるようなすべての自然数について $B(n)$ が成り立つことを証明する．

$n = 2$ についての結果は当たり前といえる．2 は素数だから，$B(2)$ は確かに真である（この場合，ありふれた $n = 1$ ではなく $n = 2$ から始めなくてはならないという点に注意しよう）．

さて，今 $B(n)$ が成り立つとしておいて，$B(n+1)$ を導く．m を $1 < m \leqq n+1$ であるような自然数とする．$m \leqq n$ なら，$B(n)$ が成り立つのだから，m は素数か素数の積になる．したがって $B(n+1)$ が成り立つことを示すには，$n+1$ 自体が素数か素数の積であることを示せばよい．$n+1$ が素数だったら，それでおしまい．素数でなかったら，$n+1$ は合成数である．ということは，

$$1 < p, q < n+1$$

で，しかも

$$n+1 = pq$$

となる自然数 p, q が存在するはずだ．

今，$p, q \leqq n$ なので，$B(n)$ から p と q は素数か素数の積になる．ということは，$n+1 = pq$ も素数の積になるわけで，これによって $B(n+1)$ が成り立つことが証明される．

ここから帰納によって，定理が導かれる．より正確にいうと，数学的帰納の原理から，

$$(\forall n \in \boldsymbol{N}) B(n)$$

という言明が正しいことがわかるのだが，これが定理を意味していることは自明である．□

今の例では，

$$B(n) \Rightarrow B(n+1)$$

という条件法をかなり簡単に証明することができたわけが（じつは，先に述べたいかにも自明そうな $A(n)$ ではなく $B(n)$ を使うことにしたのは，議論を簡単にするためだった），多くの場合，この段階で本物の創意工夫が必要になる．いずれにしても，示すべき結果の主要部分

$$(\forall n \in \boldsymbol{N}) A(n)$$

の帰納法による証明と，

$$(\forall n \in \mathbf{N})[A(n) \Rightarrow A(n+1)]$$

という単なる帰納の一段階の技術的な証明を決して混同しないように注意されたい．帰納法が使われているということが明示されず，$A(1)$ が正しいという観察が示されていないと，$[A(n) \Rightarrow A(n+1)]$ という条件法をどんなに巧みに証明したとしても，$(\forall n \in \mathbf{N})A(N)$ という言明が証明されたことにはならないのだ．

練習問題 3.5.2

1. 帰納法を使って，1から始まる n 個の奇数の和が n^2 になることを証明しなさい．

2. 次の事実を帰納法で証明しなさい．
 (a) $4n-1$ は3で割り切れる．
 (b) $n \geqq 5$ であるすべての n について，$(n+1)! > 2^{n+3}$ が成り立つ．

3.
$$\sum_{i=1}^{n} a_i$$

は，

$$a_1 + a_2 + a_3 + \cdots + a_n$$

という和の略号として広く使われている記号である．たとえば，

$$\sum_{r=1}^{n} r^2$$

は，

$$1^2 + 2^2 + 3^2 + \cdots + n^2$$

を意味する.このとき,次の事実を帰納法で証明しなさい.

(a) $(\forall n \in \boldsymbol{N}) \left[\sum_{r=1}^{n} r^2 = \frac{1}{6} n(n+1)(2n+1) \right]$

(b) $(\forall n \in \boldsymbol{N}) \left(\sum_{r=1}^{n} 2^r = 2^{n+1} - 2 \right)$

(c) $(\forall n \in \boldsymbol{N}) \left[\sum_{r=1}^{n} r \times r! = (n+1)! - 1 \right]$

4. この節では,帰納法を用いて

$$1 + 2 + \cdots + n = \frac{1}{2} n(n+1)$$

という一般的な定理を証明したが,この定理を別のやり方で証明することもできる.その証明が有名になったのは,まだ幼かったガウスが,この証明の鍵となる着想を用いて学校の先生がみんなに課した時間つぶしの算術の問題を解いたからである.その先生は生徒たちに,自然数の最初の 100 個の和を計算するようにいった.ガウスは,かりに

$$1 + 2 + \cdots + 100 = N$$

とすると,その順序を逆さまにしても総和は変わらず,

$$100 + 99 + \cdots + 1 = N$$

であることに気がついた.ここからこの二つの式を足し合わせると,

$$101 + 101 + \cdots + 101 = 2N$$

という式が得られる.この和は 100 個の項からなっているので,

$$100 \cdot 101 = 2N$$

と書くことができて,

$$N = \frac{1}{2}(100 \cdot 101) = 5050$$

となる.ということで,みなさんもガウスのこの着想を一般化して,帰納法を使わずにこの定理を証明しなさい.

第4章　数を巡る成果の証明

この本ではたしかに（個別の具体的な数学ではなく）特殊なタイプの思考に焦点を当ててきたわけだが，そのいっぽうで，整数や実数を巡る分野（前者は数論，後者は初等的な実解析）に数学的な証明の手頃な実例があることも事実だ．それに，誰もがこの二つの数の体系にそれなりに馴染んでいるにもかかわらず，その数学理論にあまり触れたことがない可能性が高いというのは，教育的な観点からいって大きな利点でもある．

4.1 整　　数

ほとんどの人が，初等的な計算を通じて整数と出会う．ところが数学における整数の研究——単なる計算を超えた整数の抽象的な性質の研究——の起源を探ると，まさに数学らしきものが誕生した紀元前7世紀あたりに遡ることができる．その研究が発展して，やがて純粋数学のもっとも重要な分野の一つである「数論」という分野が生まれたのだ．数学専攻の学生のほとんどが，数ある講座のなかでも数論の講座がもっとも刺激的だと感じている．この分野には，述べることは容易くても解くとなると——解ければ，の話だが——多大な創意工夫が必要となる興味深い問題がたくさんあり，しかもこの分野で得られた結果には，

現代社会にとってきわめて重要な応用例（もっとも重要なのがインターネットのセキュリティー）を持つものがあることがわかっている．残念ながらここでの目的は別のところにあるので，数論の表面を少々擦るくらいが関の山なのだが，今からこの節で出会うものに興味を持たれた方には，この分野にさらに注目することを強くお勧めしたい．決して失望することはないはずだ．

　数学において整数に関心が集まるのは，この数が勘定に使われるからではなく，その算術の体系が興味深いからである．整数が二つあるときに，それらを足したり引いたりかけたりしても答えは常に整数になる．これが割り算になると話が違ってくるのだが，だからなおさら面白い．5と15のように割り算ができる整数の組もあって，15を5で割ると，答えは3という整数になる．ところが，たとえば7と15というような組では，分数を許さない限り（許したとたんに，整数からはみ出す），割り算を行うことができない．

　そこで計算で使える数を整数だけに限ると，割り算からは二つの数——**商**と**余り**——が生じることになる．たとえば9を4で割ると，商の2と余りの1が得られる．

$$9 = 4 \cdot 2 + 1$$

これは，今から出会うことになる整数に関する最初の正式な定理，「除法の定理〔除法の原理とも〕」の特別な例である．この定理を証明するには，**絶対値**という概念に戻ると

よい.

ある整数 a があるとき,その整数の負の符号を落とした数を $|a|$ で表す.正式に定義する際には,二つの場合に分けて,

$$|a| = \begin{cases} a, & a \geq 0 \text{ のとき} \\ -a, & a < 0 \text{ のとき} \end{cases}$$

とする.たとえば $|5|=5$ で,$|-9|=9$ となる.

この数 $|a|$ を a の**絶対値**という.

定理 4.1.1(除法の定理) a,b を整数として,$b>0$ とする.このとき,$a=q\cdot b+r$ で $0\leq r<b$ となるような,整数 q, r がそれぞれ一つだけ定まる.

証明 証明すべきことは二つある.定理が主張するような性質を持つ q と r が存在することと,それらが唯一であるということだ.まず,存在を示そう.

方針としては,k を整数として,$a-kb$ の形をした負でない整数すべてを考え,そのうちの一つが b より小さいことを示す(そのような k の値がそのまま q になり,そのとき r は $r=a-kb$ で与えられる).

はたして,$a-kb\geq 0$ となるような整数が存在するのかというと……たしかに存在する.$k=-|a|$ とすると,$b\geq 1$ だから,

$$a-kb = a+|a|\cdot b \geq a+|a| \geq 0$$

となるのである．このような整数 $a-kb \geqq 0$ が存在する
からには，当然そのなかに最小のものが存在するはずだ．
そこでその数を r として，そのときの k の値を q とする．
つまり，$r = a-qb$．あとは，$r < b$ が示せれば（存在）証
明は完成だ．

そこで逆に $r \geqq b$ と仮定すると，

$$a-(q+1)b = a-qb-b = r-b \geqq 0$$

となる．したがって $a-(q+1)b$ は $a-kb$ の形の負でない
整数になるが，r はそのような数のなかで最小になるよう
に選んだはずだった．ところが $a-(q+1)b < a-qb = r$
だから，これは矛盾である．したがって，無事 $r < b$ であ
ることが示された．

後は，このような q と r がそれぞれただ一つに定まる
ことを証明すればよい．そのために，$0 \leqq r, r' < b$ である
r, r' について，a が

$$a = qb+r = q'b+r'$$

というふうに二通りに表されているとすると，じつは
$r = r'$, $q = q'$ になることを示す．

まず，上の式を，

$$r'-r = b \cdot (q-q') \tag{1}$$

と書き直してその絶対値を取ると，

$$|r'-r| = b \cdot |q-q'| \tag{2}$$

となる.ところが,〔$0 \leqq r, r' < b$ より〕

$$-b < -r \leqq 0 \quad \text{かつ} \quad 0 \leqq r' < b$$

だから,

$$-b < r'-r < b$$

となる.いいかえると,

$$|r'-r| < b$$

となり,(2) を考え合わせると,

$$b \cdot |q-q'| < b$$

が成り立つから,

$$|q-q'| < 1$$

であることがわかる.ここまでくれば,可能性はただ一つで,$q-q'=0$,つまり $q=q'$ となる.ここでさらにもう一度 (1) を使うと,$r=r'$ が得られる.以上,証明終わり. □

ここではじめて厳密で本格的な定理の証明に出くわしたという方は,少し時間をかけて,よくよく考えてみたほうがよいかもしれない.この結果自体は別に深いものではな

く，誰にでもお馴染みの事実だが，ここでは，すべての整数の組について除法の定理が成り立つことを証明する際に用いた方法に注目したい．この時点でじっくり時間をかけて，この証明がどのように機能しているのか，なぜ各段階が不可欠だといえるのかを理解しておくと，後でもっと難しい証明に出くわしたときに，きっと役に立つはずだ．

数学者たちは，このような単純で自明に見える結果の数学的な証明を何度も経験することによって証明の方法に対する自信を深め，まったく自明でない結果をも受け入れられるようになる．

たとえば，ドイツの著名な数学者ダーフィト・ヒルベルト〔1862-1943〕は 19 世紀末に，奇妙な性質を持つ架空のホテルについて論じた．後に「ヒルベルトのホテル」と呼ばれるようになるそのホテルには，部屋が無限個あり，他のホテルと同じように部屋には 1, 2, 3, … といった自然数の番号が振ってある．

ある晩，すべての部屋がふさがっているところに，さらにお客がやってきた．

「あいにく」とフロント係はいった．「部屋はすべてふさがっております．ほかをお当たりください」

お客は——数学者だった——しばらく考えた末に，こういった．「すでにチェックインしたお客を一人も追い出さずに，わたしが泊まる部屋を作る方法が，一つありますよ」

（この先を読む前に，この数学者が考えた解決法に自力

4.1 整数

で気づくかどうか，試してみていただきたい．)

フロント係は疑わしそうな顔をして，それでも数学者に，どうすれば既にチェックインしている人を一人も追い出さずに部屋を一つ空けられるのですかと尋ねた．

「話は簡単で，全員を隣の部屋に移すだけのこと．1号室のお客は2号室へ，2号室のお客は3号室へ，そうやって次々に移していく．一般に，n 号室のお客が $n+1$ 号室に移ることになるんだが，そうすると1号室が空くから，そこにわたしを入れればよい！」

フロント係は少し考えてから，なるほどその方法ならうまくいきますねといった．たしかに，ホテルが満室でも，誰一人追い出すことなくもう一人お客を泊めることができる．数学者の推論はどこからどう見ても妥当だった．かくしてその数学者は，無事一夜の宿を手に入れたのだった．

この話の場合，ヒルベルトのホテルに部屋が無限個あるというところがポイントだ．じっさいヒルベルトは，無限の持つ驚くべき性質の一つを説明するために，この話を考え出したのだった．みなさんも，この議論についてしばし考えてみていただきたい．考えたからといって，現実世界のホテルに関する新たな発見があるわけではないが，無限に対する理解は一段と深まるはずだ．

無限を理解することがなぜ重要かというと，この概念が，現在の科学や工学の基盤たる解析学の鍵となっているからだ．そしてそのような無限を取り扱う一つの方法として，無限個のステップを実行可能にする手順を具体的に述

べるというやり方がある．

さて，今のヒルベルトの解が腑に落ちたと感じた方（あるいは，とくに大事なことが進行していると思えない方）は，次の問題を解いてみていただきたい．

練習問題 4.1.1

1. 先ほどと同じヒルベルトのホテルの話で，今度は，既に満室のホテルに二人の客が到着したとする．先にチェックインした人を誰も追い出すことなく，この二人に（別々の）部屋を提供するにはどうすればよいか．

2. このたびフロント係は，さらにひどい頭痛の種を抱え込むことになった．ホテルはすでに満室なのに，無限ツアーのグループが到着したのだ．グループの一人一人が，$N = 1, 2, 3, \cdots$ として，「ハイ！ わたしは N です」と書かれたバッジを付けている．はたしてフロント係は，既にチェックインしている人を誰一人追い出すことなく，新たなお客全員に一人一部屋を提供する方法を見つけることができるのか．どうすればよいか．

*

ヒルベルトのホテルのような例を見ると，数学において厳密な証明がいかに重要かがよくわかる．除法の定理のような「明白な」結果を確認する程度のことなら，証明はいかにもつまらないもののように思えるが，自分たちに馴染みのない（たとえば無限が絡む）問題に関する結果を確認しようとすると，厳密な証明だけが頼りの綱となる．

先ほど述べた除法の定理は，整数 a を正の整数 b で割るときにしか使えなかった．これをさらに一般にしたの

が，次の定理である．

定理 4.1.2（一般化された除法の定理） a, b は整数で，$b \neq 0$ とする．このとき，

$$a = q \cdot b + r \quad \text{かつ} \quad 0 \leq r < |b|$$

となる q, r がそれぞれ一つだけ存在する．

証明 $b > 0$ の場合は定理 4.1.1 で取り上げたので，ここでは $b < 0$ とする．$|b| > 0$ だから，定理 4.1.1 より，

$$a = q'|b| + r' \quad \text{かつ} \quad 0 \leq r' < |b|$$

となる q', r' が存在する．そこで，$q' = -q$, $r' = r$ とすると，$|b| = -b$ から，望み通り

$$a = q \cdot b + r \quad \text{かつ} \quad 0 \leq r < |b|$$

が証明できたことになる．□

定理 4.1.2 も「除法の定理」と呼ばれることがあって，いずれの場合も，q を（a を b で割ったときの）**商**，r を**余り**という．

除法の定理はいたって単純だが，そこから，計算に役立つさまざまな結果が得られる．たとえば，（これはきわめて単純な例だが），素数の平方を探さなくてはならなくなったときには，奇数の平方がすべて 8 の倍数より 1 大きいという事実（たとえば，$3^2 = 9 = 8 + 1$, $5^2 = 25 = 3 \cdot 8 + 1$）を知っていると便利だ．この事実を証明する

には，まず除法の定理によってどんな数でも，$4q, 4q+1, 4q+2, 4q+3$ のいずれかの形に表せることに注目する．つまり，奇数はすべて $4q+1$ か $4q+3$ の形になっているのだ．そこでこの二つの形をそれぞれ 2 乗すると，

$$(4q+1)^2 = 16q^2 + 8q + 1 = 8(2q^2+q) + 1$$
$$(4q+3)^2 = 16q^2 + 24q + 9 = 8(2q^2+3q+1) + 1$$

となり，いずれにしてもその値は 8 の倍数より 1 大きくなる．

a を b で割った余りが $r=0$ になるとき，「a は b で割り切れる（整除される）」という．つまり整数 a がゼロでない整数 b で割り切れるのは，$a = q \cdot b$ となる整数 q があるとき，そのときに限るのだ．たとえば，45 は 9 で割り切れるが，44 は 9 で割り切れない．「a が b で割り切れる」ことを，通常 $b|a$ という記号で表す．定義からいって，$b|a$ であれば $b \neq 0$ であることに注意しよう．

ここで特に注意してほしいのが，$b|a$ という表記が a と b の二つの数の関係について述べているという点だ．つまりこの言明は，真であるか偽であるかのどちらかで，数を表しているわけではない．$b|a$ と a/b を混同しないように注意されたい（後者は，数の表記である）．

次の練習問題では，すべての整数の集合を $\mathbf{Z}$ という標準的な表記で表す（$\mathbf{Z}$ は「複数の数」を意味するドイツ語 Zahlen の頭文字である）．

練習問題 4.1.2

1. $b|a$ と a/b の関係を，できるだけ簡潔かつ正確に表しなさい．

2. 以下のそれぞれの表記が真か偽かを判別しなさい．自分の答えに証明をつけなさい．
   (a) $0|7$ (b) $9|0$ (c) $0|0$
   (d) $1|1$ (e) $7|44$ (f) $7|(-42)$
   (g) $(-7)|49$ (h) $(-7)|(-56)$ (i) $2708|569401$
   (j) $(\forall n \in \mathbf{N})(2n|n^2)$ (k) $(\forall n \in \mathbf{Z})(2n|n^2)$
   (l) $(\forall n \in \mathbf{Z})(1|n)$ (m) $(\forall n \in \mathbf{N})(n|0)$
   (n) $(\forall n \in \mathbf{Z})(n|0)$ (o) $(\forall n \in \mathbf{N})(n|n)$
   (p) $(\forall n \in \mathbf{Z})(n|n)$

*

次の定理は，整除関係の基本的な性質の一覧である．

定理 4.1.3 a, b, c, d を整数として，$a \neq 0$ とすると，以下のことが成り立つ．

(ⅰ) $a|0, a|a$．

(ⅱ) $a = \pm 1$ のとき，そのときに限って $a|1$ である．

(ⅲ) $a|b$ かつ $c|d$ なら，$ac|bd$．（ただし $c \neq 0$）

(ⅳ) $a|b$ かつ $b|c$ なら，$a|c$．（ただし $b \neq 0$）

(ⅴ) $a = \pm b$ のとき，そのときに限って，($a|b$ かつ $b|a$)．

(ⅵ) $a|b$ かつ $b \neq 0$ なら，$|a| \leq |b|$．

(ⅶ) $a|b$ かつ $a|c$ なら，いかなる x, y についても $a|(bx$

+cy$) である.

証明 いずれも,$a|b$ の定義に戻れば簡単に証明できる.たとえば (iv) を証明するのであれば,仮定から $b=da$, $c=eb$ となるような整数 d,e が存在するので,ここからすぐに $c=(de)a$ となり,$a|c$ となる.もう一つ,(vi) を証明する場合は,$a|b$ なので,$b=da$ となるような整数 d が存在する.したがって $|b|=|d|\cdot|a|$ が成り立ち,$b \neq 0$ だから $d \neq 0$,よって $|d| \geqq 1$ となり,ここから,命題 (vi) にあるように $|a| \leqq |b|$ となる.このほかの性質の証明は,練習問題とする.□

練習問題 4.1.3

1. 定理 4.1.3 の残りの部分を証明しなさい.

2. 奇数はすべて $4n+1$ か $4n+3$ の形になっていることを証明しなさい.

3. 任意の整数 n について,$n, n+2, n+4$ の少なくとも一つが 3 で割り切れることを証明しなさい.

4. a が奇数であるとき,$24|a(a^2-1)$ であることを証明しなさい(ヒント:定理 4.1.2 のすぐ後の例を参照せよ).

5. 次のような除法の定理を証明しなさい.整数 a,b があって,$b \neq 0$ とする.このとき,

$$a=qb+r \quad \text{かつ} \quad -\frac{1}{2}|b| < r \leqq \frac{1}{2}|b|$$

となる q,r が,それぞれ一つだけ存在する.

(ヒント:a を,$a=q'b+r'$,ただし $0 \leqq r' < |b|$ と表してみる.$0 \leqq r' \leqq \frac{1}{2}|b|$ なら,$r=r'$,$q=q'$ とし,$\frac{1}{2}|b| < r' < |b|$ なら,$r=r'-|b|$ として,$b>0$ なら $q=q'+1$,$b<0$ な

ら $q = q' - 1$ とする.)

*

わたしたちはすでに,素数が無限に存在するというユークリッドの証明に出会っている.公式な定義によると,**素数**とは 1 と p でしか割り切れない整数 $p > 1$ のことである.

さらに,素数でない自然数 $n > 1$ を**合成数**という.

練習問題 4.1.4

1. 次の言明は,素数を正確に定義しているか.自分の答えの根拠を述べなさい.この言明で素数が定義できていないとしたら,どこをどう変えれば素数を定義することができるのか.

$$p \text{ は } (\forall n \in \mathbf{N})[n|p \Rightarrow (n = 1 \vee n = p)] \text{ のとき,}$$
$$\text{そのときに限って素数である.}$$

2. 数論の古典的な未解決問題の一つに,「双子の素数は無限個あるか」という問題がある.双子の素数とは,3 と 5,11 と 13,71 と 73 のように,その差が 2 の素数の対のことである.今,素数の三つ子(つまり,その差がどちらも 2 であるような三つの素数)が 3, 5, 7 の一組に限ることを証明しなさい.

3. 素数を巡る標準的な結果に,「p が素数であるとき,積 ab が p で割り切れれば,a か b の少なくとも片方が p で割り切れる」という(「ユークリッドの補題」とも呼ばれる)事実がある.このとき,その逆の「(任意の数の組 a, b について)このような性質を持つ自然数はすべて素数である」という言明が真であることを証明しなさい.

*

　素数に（かなりの）関心が寄せられるのは，素数が自然数の基本に関わる性質を持っているからだ．**算術の基本定理**によれば，自然数には，「1より大きな自然数はすべて素数か素数の積として表すことができ，その表し方は順序を除いてただ一つに定まる」という性質がある．

　たとえば，2, 3, 5, 7, 11, 13 は素数で，その他の数は，

$$4 = 2 \times 2 = 2^2$$
$$6 = 2 \times 3$$
$$8 = 2 \times 2 \times 2 = 2^3$$
$$9 = 3 \times 3 = 3^2$$
$$10 = 2 \times 5$$
$$12 = 2 \times 2 \times 3 = 2^2 \cdot 3$$
$$\cdots\cdots$$
$$3366 = 2 \cdot 3^2 \cdot 11 \cdot 17$$
$$\cdots\cdots$$

というふうに素数に分解できる．

　合成数を素数の積の形で表したものを，その数の**素因数分解**という．ある数の素因数分解がわかると，その数のさまざまな数学的性質を理解することができる．その意味で，素数はちょうど化学者にとっての元素，物理学者にとっての原子のようなものなのだ．

　（175ページの練習問題4.1.4の3で触れられていた）

ユークリッドの補題を前提にすると——つまり，積 ab が素数 p で割り切れれば，a, b の少なくとも片方が p で割り切れるとすると——算術の基本定理を証明することができる（ユークリッドの補題の証明もそれほど難しくはないが，そこまでいくと，この本の数学的思考力をつけるという目的を超えてしまう）．

定理 4.1.4（算術の基本定理） 1 より大きな自然数はすべて素数か素数の積として表すことができ，その表し方は順序を除いてただ一つに定まる．

証明 まず，素因数分解が存在することを証明する（この部分には，ユークリッドの補題は必要ない）．第 3 章では帰納法の例としてこの定理の一つの証明を紹介したが，ここでは背理法によるさらに短い証明を紹介しよう．

今，合成数であるにもかかわらず，素数の積として表せない数があったと仮定する．すると，そのような数のなかでいちばん小さい数があるはずだ．そこでその数を n とすると，n は素数ではないから，$1 < a, b < n$ かつ $n = a \cdot b$ となる数 a, b が存在する．

このとき，もし a と b が素数なら，$n = a \cdot b$ は n の素因数分解になって，素数の積で表せないという前提に矛盾する．

次に，a と b のいずれかが合成数だとすると，その数は n より小さいから，素数の積で表せるはずだ．そこで $n = a \cdot b$ の a, b の片方ないし両方をその素因数分解表示で

置き換えると，n の素因数分解が得られたことになって，この場合も矛盾が生じる．

さらに，素数の積としての表し方がただ一通りであることを証明する．この場合も背理法を用いる．素因数の積としてまったく異なる二つのやり方で表記できる合成数があると仮定して，そのような数のなかのもっとも小さい数を n とする．そして，

$$n = p_1 \cdot p_2 \cdot \cdots \cdot p_r = q_1 \cdot q_2 \cdot \cdots \cdot q_s \qquad (*)$$

を 2 通りの異なる素因数分解とする．

このとき，p_1 は $(q_1)(q_2 \cdot \cdots \cdot q_s)$ を割り切るから，ユークリッドの補題から，$p_1 | q_1$ か，$p_1 | (q_2 \cdot \cdots \cdot q_s)$ であるはずだ．したがって $p_1 = q_1$ か，2 以上 s 以下のある i について $p_1 = q_i$ でなければならない．これをもっと簡単に，$p_1 = q_i$ ただし i は 1 以上 s 以下，と表すことができる．ところがこうなると (*) の素因数分解から p_1 と q_i を取り除くことになり，n より小さく，しかも二通りの素因数分解が可能な数が得られるが，これは，そのような数の最小のものを n とするという仮定に反する．

以上，証明終わり．□

練習問題 4.1.5

1. ユークリッドの補題を証明しなさい．うまくいかなければ，次の練習問題に進むこと．
2. 初等整数論のほとんどの教科書やウェブサイトに，ユーク

リッドの補題の証明が出ているはずなので，この補題の証明を見つけて，確実に理解するよう努めなさい．ウェブで証明を見つけた場合は，その証明が正しいかどうか，きちんとチェックする必要がある．インターネットの至るところに誤った証明が転がっていて，ウィキペディアに誤った証明が載ると，通常はかなり迅速に訂正されるが，誰かがよかれと思って証明を簡単にしようとしたせいで正確さが損なわれ，証明としては破綻する場合もある．ウェブに載っている情報を上手に使いこなすことは，よき数学的思考者の重要な力なのだ．

3. 素数を巡る魅惑的な，そして（数学においても，現実への応用においても）有益であることが判明した結果の一つに，**フェルマーの小定理**がある．p が素数で a を p の倍数でない自然数とすると，$p|(a^p-1)$ が成り立つのである．（教科書かウェブで）この定理の証明を探して，確実に理解するよう努めなさい（この場合も，ウェブ上の著者不明あるいは信任された著者のものでない数学には慎重に対処するように）．

4.2 実　数

初等的な集合論に馴染みのない方は，この本の末尾の補遺を読んだうえで，この先を読み進めていただきたい．

数は，人間が認識する異なる二つの概念，すなわち勘定と測定を形式化することによって生まれた．人類学者によれば，この二つの概念は（化石時代の記録から見て）数が導入される何千年も前から存在していたという．ヒトは，今から 35000 年前には早くも骨（や，おそらく木ぎれに，とはいえ木ぎれはまったく残っておらず，見つかってもい

ない）に刻みを入れて，さまざまな事象——たぶん月の満ち欠けの周期や季節——を記録し，また，棒きれや蔓の切れ端を用いてさまざまな長さを測っていたらしい．だが，骨の刻み目や測定器具の長さに代わる「数」という抽象概念が登場したのはずっと後のことで，今から 10000 年ほど前に，集めた物を数えるために使われはじめたとされている．

これらの活動から，離散的な自然数と連続的な実数という二種類の数が生まれたわけだが，これらの数の関係が盤石な基盤のうえに確立されたのは，ようやく 19 世紀のことだった．ここに来て，ついに現代的な実数系が構築されたのだ．ここまで長い時間がかかったのは，ひどく微妙な問題を克服する必要があったからだ．実数の構築自体はこの本の守備範囲を超えるが，それがどのような問題だったのかを説明するくらいのことは許されるだろう．

この二種類の数の概念を関係づけるには，整数 Z からはじめて，まず有理数 Q（「商」を意味する英語 quotient の頭文字）を定義することができて，さらに有理数を使えば実数 R（実数の「実」を意味する英語 real の頭文字）が定義できる，ということを示せばよい．

整数から有理数を定義するのはかなり簡単だ．有理数は，早い話が二つの整数の比なのである（じつは，整数から有理数系を構築する方法は決して自明ではない．だからみなさんも，ぜひ次の問題に自力で取り組んでいただきたい）．

練習問題 4.2.1

1. 数の体系として整数 Z が与えられたとする。$b \neq 0$ であるような整数の組 a, b について，その商 a/b を取って Z を拡張し，Z より大きな数の体系 Q を定義したい。どうすればそのような数の体系を定義することができるか。特に，「商 a/b というのは何ですか？」という問いに，みなさんはどう答えますか。(じっさいに商を持ち出して答えることはできない。なぜなら Q が定義されるまでは，商は存在しないのだから。)

2. 整数に基づいて有理数を構築する手順の解説を探してきて，それを理解するよう努めなさい。この場合も，インターネットに載っている数学には気をつけること。

*

有理数を作れれば，実世界でのすべての測定に適した数の体系が手に入ったことになる。なぜなら有理数には，次のような性質があるからだ。

定理 4.2.1 r, s が有理数で $r < s$ なら，$r < t < s$ となる有理数 t が存在する。

証明

$$t = \frac{1}{2}(r+s)$$

とすれば，明らかに $r < t < s$ である。それにしても，ほんとうに $t \in Q$ なのだろうか。ふうむ，$r = \dfrac{m}{n}$，$s = \dfrac{p}{q}$ ただし $m, n, p, q \in Z$ とすると，

$$t = \frac{1}{2}\left(\frac{m}{n} + \frac{p}{q}\right) = \frac{mq+np}{2nq}$$

となるが，$mq+np, 2nq \in \bm{Z}$ だから，$t \in \bm{Q}$ が成り立っていると結論できる．□

この「互いに等しくない二つの有理数のあいだには必ず三つ目の有理数が存在する」という性質を，**稠密性**(density〔密集しているという性質のこと〕)という．

稠密性があるおかげで，実際の測定には有理数さえあれば事足りる．異なる二つの有理数の間に必ず三つ目の有理数があるということは，異なる二つの有理数の間には常に異なる有理数が無数にあるということだ．したがってこの世の何であろうと有理数を用いて好みの精度で測ることができる．

ところが数学をするとなると，実数が必要になる．古代ギリシャの人々が，有理数だけでは（論理的で）数学的な計量をするには不十分だということに気がついたのは，高さと幅が 1 の直角三角形の斜辺の長さが有理数にはならない，ということを発見したからだった（$\sqrt{2}$ が無理数であるというこの有名な結果の証明は既に済ませてある）．だからといって，直角三角形を使って作業する必要がある大工や建築技師にすればなんの問題もないのだが，数学自体にとってはこれが深刻な障害になる．

何が問題かというと，有理数が（先ほど示したように）稠密であるにもかかわらず，有理数の線に「穴」があるの

だ．たとえば，

$$A = \{x \in \mathbf{Q} \mid x \leq 0 \lor x^2 < 2\}$$
$$B = \{x \in \mathbf{Q} \mid x > 0 \land x^2 \geq 2\}$$

とすると，A のどの元も B のどの元より小さく，

$$A \cup B = \mathbf{Q}$$

が成り立つ．ところが A には最大の元がなく，B には最小の元がない（これは簡単にチェックできる）．したがって A と B の間にはある種の「穴」があることになる．じつはこの穴こそが $\sqrt{2}$ の居場所なのだが，$\mathbf{Q}$ にこのような穴があるために，どんな測定であろうと対応可能であるにもかかわらず，数学をする舞台としては不適なのだ．

じっさい，

$$x^2 - 2 = 0$$

という方程式に解がないような数の体系に基づいて数学してみても，あまり高いレベルには進めない．

有理数のような稠密に詰まった線に穴が開いているというだけでも十分奇妙なことだが，数学者たちがついにこれらの穴を埋める方法を考案すると，さらに奇妙なことが明らかになった．これらの穴を埋める数は**無理数**と呼ばれていて，有理数と無理数を合わせると**実数**と呼ばれるものになるのだが，有理数の線に空いた穴を埋めると，思っていたよりずっと多くの数を得られることがわかったのだ．

二つの有理数を取ってくると，その間に常に無限個の無理数が挟まっているだけでなく，きわめて厳密な意味で，その区間に挟まっている有理数より「無限に多い」無理数が挟まっている．無理数は実数の線，つまり数直線のほぼすべてを占めていて，でたらめに一つ実数を選ぶと，その数が無理数である数学的確率はじつは 1 なのだ．

有理数から厳密なやり方で実数を構成する方法はいくつかあるが，いずれもこの本の範囲を超える．ただし直観的なレベルでいえば，小数展開が無限であってもよい，とすることがポイントになる．たとえば $0.333\cdots$ は $1/3$，$0.142857\,142857\,142857\cdots$ は $1/7$ というふうに無限循環小数は有理数を表すが，このような繰り返しのパターンがまったくない小数は無理数になるのだ．たとえば $\sqrt{2}$ の小数展開は $1.41421356237309504880168872420969807\cdots$ という具合に，まったくくり返すことなくどこまでも続いていくのである．

4.3 完備性

数の体系を構築することで得られるひじょうに重要な結果の一つに，実数のある単純な性質の定式化があった．それによって，有理数の線のうえの無限小の穴をきちんと押さえることが可能になり，それらの穴の埋め方を厳密に明示することができるようになったのだ．その性質とは，実数の**完備性**である．完備性の説明をするまえに，まず数直

線を順序集合と見ることに慣れる必要がある.

実数 $\bm{R}$ の部分集合のなかには,ごく頻繁に登場するので特別な表記を用いたほうが便利なものがある.

第一に,**区間**とは,実数直線上の中断されていない範囲のことである.区間には何種類かあって,いずれも広く知られた標準的な記号で表示される.

$a, b \in \bm{R}$, $a < b$ とすると,**開区間** (a, b) とは,

$$(a, b) = \{x \in \bm{R} \mid a < x < b\}$$

という集合のことで,**閉区間** $[a, b]$ とは,

$$[a, b] = \{x \in \bm{R} \mid a \leqq x \leqq b\}$$

という集合のことである.

ここで注意したいのは,a, b はいずれも (a, b) の元ではなく,ともに $[a, b]$ の元になっているという点だ(一見些細なこの違いが,じつは初等的な実解析ではきわめて重要であることが明らかになる).つまり (a, b) が,a の「すぐ後ろ」から始まって b の「寸前」で終わる実数直線上の区間であるのに対して,$[a, b]$ は,a から始まって b で終わる区間なのだ.むろん,上の表記を拡張することができて,

$$[a, b) = \{x \in \bm{R} \mid a \leqq x < b\}$$

を左閉右開区間,

$$(a, b] = \{x \in \boldsymbol{R} \mid a < x \leqq b\}$$

を左開右閉区間と呼ぶ．

$[a, b)$ や $(a, b]$ は，ときには**半開**（または**半閉**）**区間**とも呼ばれる．

最後に，

$$(-\infty, a) = \{x \in \boldsymbol{R} \mid x < a\}$$
$$(-\infty, a] = \{x \in \boldsymbol{R} \mid x \leqq a\}$$
$$(a, \infty) = \{x \in \boldsymbol{R} \mid x > a\}$$
$$[a, \infty) = \{x \in \boldsymbol{R} \mid x \geqq a\}$$

とする．

ここで注意してほしいのが，∞ という記号が絶対に [や] という角括弧とはいっしょに使われないという事実だ．なぜならこの二つを同時に使うと誤解を招くからで，∞ は単なる便利な記号であって，断じて数ではない．上の定義に登場している ∞ という記号は，便利な表記法をあらゆる場合をカバーできるように拡張するためのものなのだ．

練習問題 4.3.1

1. 二つの区間の共通部分が，やはり区間になることを証明しなさい．和集合の場合にも，やはり区間になりますか．

2. $\boldsymbol{R}$ を全体集合として，次に示されたものを，区間と区間の和集合を用いてなるべく簡潔に表しなさい（A' が，与えられた全体集合——この場合は $\boldsymbol{R}$——に対する A の補集合であること

に注意. 補遺を参照のこと).

(a) $[1, 3]'$
(b) $(1, 7]'$
(c) $(5, 8]'$
(d) $(3, 7) \cup [6, 8]$
(e) $(-\infty, 3)' \cup (6, \infty)$
(f) $\{\pi\}'$
(g) $(1, 4] \cap [4, 10]$
(h) $(1, 2) \cap [2, 3)$
(i) A', ただし $A = (6, 8) \cap (7, 9]$
(j) A', ただし $A = (-\infty, 5) \cup (7, \infty)$

*

さて,これでようやく現代的な実数系において実数直線の「穴を埋める」という概念がどう扱われているのかをのぞき見る準備が整った.

実数の集合 A があるとき,$(\forall a \in A)(a \leq b)$ であるような数 b を A の**上界**と呼ぶ.

さらに,A のどの上界 c を取って来ても $b \leq c$ であるとき,b を A の**最小上界**〔上限とも〕と呼ぶ.

むろん整数や有理数の集合でもこれと同じ定義をすることができる.

集合 A の最小上界は,$\text{lub } A$〔最小上界 (least upper bound) の略,$\sup A$ とも〕と書かれることが多い.

実数系が**完備**であるということは,「上界を持つ空でない実数の集合はすべて($\boldsymbol{R}$ のなかに)最小上界を持つ」

ということなのだ.

練習問題 4.3.2

1. 整数または有理数または実数の集合 A が上界を持つとき，A が無限個の異なる上界を持つことを証明しなさい.

2. 整数または有理数または実数の集合 A が最小上界を持つとき，最小上界はただ一つしかないことを証明しなさい.

3. A を整数または有理数または実数の集合とすると，以下の条件 (a), (b) が満たされるとき，そのときに限って，b が A の最小上界であることを証明しなさい.

 (a) $(\forall a \in A)(a \leqq b)$

であり，

 (b) $c < b$ であるときは常に $a > c$ となるような $a \in A$ が存在する.

4. 問題 3 で紹介した最小上界の特徴付けは，次のような形でなされる場合が多い. 以下の条件 (a), (b) が満たされるとき，そのときに限って，b が A の最小上界であることを示しなさい.

 (a) $(\forall a \in A)(a \leqq b)$

であり，

 (b) $(\forall \varepsilon > 0)(\exists a \in A)(a > b - \varepsilon)$.

5. 上界がない整数の集合の例を一つ作りなさい.

6. 整数または有理数または実数の有限集合が，すべて最小上界を持つことを示しなさい.

7. 区間についての次の問いに答えなさい. $\mathrm{lub}(a, b)$ は何ですか. $\mathrm{lub}[a, b]$ は何ですか. $\max(a, b)$〔max は最大値のこと〕は何ですか. $\max[a, b]$ は何ですか.

8. $A = \{|x - y| \mid x, y \in (a, b)\}$ であるとき，A が上界を持つことを証明しなさい. この場合の $\mathrm{lub} A$ は何ですか.

9. 整数，有理数，実数の集合の**下界**の概念を定義しなさい.

10. lub の定義から類推して，整数，有理数，実数の集合の**最大下界** (glb)〔greatest lower bound の略，下限 (inf) とも〕を定義しなさい．

11. 問題 3 が最大下界の場合にどうなるかを述べ，その言明を証明しなさい．

12. 問題 4 が最大下界の場合にどうなるかを述べ，その言明を証明しなさい．

13. 実数系の完備性が，「下界を持つ空でない実数の集合はすべて最大下界を有する」という言明によっても同様に定義されることを示しなさい．

14. 整数は完備性を満たしているが，その理由はほぼ自明である．その理由とは何か．

*

定理 4.3.1 有理数直線 Q は完備でない．

証明

$$A = \{r \in Q \mid r \geq 0 \wedge r^2 < 2\}$$

とすると，A は Q の中で，2 によって上から抑えられている．ところが A の最小上界は Q のなかには存在しない．直観的にいうと，これは考え得る唯一の最小上界の候補が $\sqrt{2}$ だからで，$\sqrt{2}$ が Q に含まれていないことは知っているのだが，このことを厳密に証明する必要がある．

$x \in Q$ を A の任意の上界としたとき，さらに小さな上界が（Q のなかに）存在することを示す．

今，$x = \dfrac{p}{q}$ とおく．ただし，$p, q \in N$．

まず，$x^2 < 2$ とすると，$2q^2 > p^2$ となる．今，$\dfrac{n^2}{2n+1}$ という式を考えると，この式の値は n が大きくなるにつれてどこまでも大きくなるので，十分大きな $n \in \boldsymbol{N}$ を取ってきて，

$$\frac{n^2}{2n+1} > \frac{p^2}{2q^2 - p^2}$$

とすることができる．この式を書き直すと，

$$2n^2 q^2 > (n+1)^2 p^2$$

となる．したがって，

$$\left(\frac{n+1}{n}\right)^2 \frac{p^2}{q^2} < 2$$

となる．そこで今，

$$y = \left(\frac{n+1}{n}\right)\frac{p}{q}$$

とすると，$y^2 < 2$ が成り立つ．さらに，$\dfrac{n+1}{n} > 1$ だから，$x < y$ である．ところが y は有理数で，$y^2 < 2$ であることは確認済みなので，$y \in A$ である．だがこれは，x が A の上界であるという事実と矛盾する．

したがって，$x^2 \geqq 2$ でなくてはならない．平方が 2 になるような有理数は存在しないから，これはつまり $x^2 > 2$ ということである．したがって $p^2 > 2q^2$ となり，十分大きな $n \in \boldsymbol{N}$ を取ってくれば，

$$\frac{n^2}{2n+1} > \frac{2q^2}{p^2-2q^2}$$

が成り立つ. この式を書き直すと,

$$p^2 n^2 > 2q^2(n+1)^2$$

つまり,

$$\frac{p^2}{q^2}\left(\frac{n}{n+1}\right)^2 > 2$$

となる. 今,

$$y = \left(\frac{n}{n+1}\right)\frac{p}{q}$$

とすると, $y^2 > 2$ である. さらに, $\dfrac{n}{n+1} < 1$ だから $y < x$ が成り立つ. ところが, どのような $a \in A$ を持ってきても $a^2 < 2 < y^2$ が成り立つから, $a < y$ である. したがってこの y は x より小さい A の上界になる. 以上, 証明終わり. □

練習問題 4.3.3

1. $A = \{r \in \boldsymbol{Q} \mid r > 0 \land r^2 > 3\}$ とすると, A は $\boldsymbol{Q}$ のなかに下界を持つが, 最大下界は持たないことを示しなさい. 定理 4.3.1 の流れに沿って, 証明の詳細をすべて書き下しなさい.

2. $\boldsymbol{R}$ には, 完備性とともに**アルキメデスの性質**と呼ばれる重要な基本的性質がある. すなわち, もし $x, y \in \boldsymbol{R}$ かつ $x, y > 0$ なら, $nx > y$ となるような $n \in \boldsymbol{N}$ が存在するのである.

そこでこのアルキメデスの性質を用いて, $r, s \in \boldsymbol{R}$ かつ $r < s$ であれば, $r < q < s$ となる $q \in \boldsymbol{Q}$ が存在することを示しな

さい（ヒント：$n > \dfrac{1}{s-r}$ となるような $n \in \boldsymbol{N}$ を取って来て，$r < \dfrac{m}{n} < s$ となるような $m \in \boldsymbol{N}$ を見つける）．

4.4 数　　列

今，各自然数に実数 a_n を対応させたとして，これらすべての数 a_n を添字nにしたがって並べたものを**数列**という．このとき数列は，

$$\{a_n\}_{n=1}^{\infty}$$

で表される．したがって $\{a_n\}_{n=1}^{\infty}$ という記号は，

$$a_1, a_2, a_3, \cdots, a_n, \cdots$$

という数列を表していることになる．たとえば $\boldsymbol{N}$ 自体の元は，通常の順序で並べると，

$$1, 2, 3, \cdots, n, \cdots$$

という数列になる．この数列は $\{n\}_{n=1}^{\infty}$ と表される（なぜならどの n についても，$a_n = n$ だから）．

あるいは，$\boldsymbol{N}$ の元の順序を変えると，

$$2, 1, 4, 3, 5, 8, 7, \cdots$$

という数列が得られる．これは $\{n\}_{n=1}^{\infty}$ という数列とはまったく別の数列である．なぜなら数列では，項の登場する順序が重要だからだ．また，繰り返しを許してまったく新

たな

$$1, 1, 2, 2, 3, 3, 4, 4, 4, 5, 6, 7, 8, 8, \cdots$$

という数列を作ることもできる．さらには，きちんとした規則がなくてもかまわない．a_n を n に関連付けて記述する式が見つからない場合もあり得るが，むろん教科書に登場する具体例は何らかの規則に従っている．

さらにいえば，

$$\{\pi\}_{n=1}^{\infty} = \pi, \pi, \pi, \pi, \cdots, \pi, \cdots$$

のような定数の数列もあれば，

$$\{(-1)^{n+1}\}_{n=1}^{\infty} = +1, -1, +1, -1, +1, -1, \cdots$$

のような（符号が）交替する数列もある．

早い話が $\{a_n\}_{n=1}^{\infty}$ という数列の項は，実数であること以外，かくあるべしという制限はいっさい課されていないのだ．

数列のなかにはかなり特殊な性質を持つものもあって，なかには，項を追うにつれてその値がある決まった値にいくらでも近くなるような数列もある．たとえば，

$$\left\{\frac{1}{n}\right\}_{n=1}^{\infty} = 1, \frac{1}{2}, \frac{1}{3}, \frac{1}{4}, \cdots, \frac{1}{n}, \cdots$$

の項は，n が大きくなるといくらでも 0 に近づく．あるいは，

$$\left\{1+\frac{1}{2^n}\right\}_{n=1}^{\infty} = 1\frac{1}{2}, 1\frac{1}{4}, 1\frac{1}{8}, 1\frac{1}{16}, \cdots$$

という数列の項はいくらでも 1 に近づく．さらに，

3, 3.1, 3.14, 3.141, 3.1415, 3.14159, 3.141592, $\cdots$

という数列の項はいくらでも π に近づくが，この例は，あまりよい例とはいえない．というのも，n 番目の項を得る一般的な規則が与えられていないからだ．

このように，数列 $\{a_n\}_{n=1}^{\infty}$ の項がある定数 a にいくらでも近づくとき，数列 $\{a_n\}_{n=1}^{\infty}$ は**極限 a に向かう**といい，

$$n \to \infty \quad \text{のときに，} \quad a_n \to a$$

と書く．あるいは広く，

$$\lim_{n \to \infty} a_n = a$$

という表記も使われている．

ここまではすべて直観的なレベルだったが，ここで，「$n \to \infty$ のときに，$a_n \to a$」という表記が意味するものを正確に定義できるかどうかみてみよう．

a_n がいくらでも a に近づくということは，二つの項の差である $|a_n - a|$ がいくらでも 0 に近づくということである．これはまた，ε を正の実数とすれば，差の $|a_n - a|$ がゆくゆくは ε より小さくなるということでもある．したがって，正式な定義は次のようになる．

$$(\forall \varepsilon > 0)(\exists n \in \boldsymbol{N})(\forall m \geqq n)(|a_m - a| < \varepsilon)$$

であるとき、そのときに限って、

$$n \to \infty \quad \text{のときに、} \quad a_n \to a$$

である.

なんだかひどくややこしく見える. そこで, この定義を分析してみよう.

$$(\exists n \in \boldsymbol{N})(\forall m \geqq n)(|a_m - a| < \varepsilon)$$

の部分は、つまりある値 n があって、それより大きいすべての m についての a_m と a の距離が ε 以下であるということだ. 言い換えれば、ある数 n があって、数列 $\{a_n\}_{n=1}^{\infty}$ の a_n より先の項はすべて a から ε 以内の距離に入る. 要するに、数列 $\{a_n\}_{n=1}^{\infty}$ のあるところから先の項はすべて a からの距離が ε 以内に収まるのだ. したがって、

$$(\forall \varepsilon > 0)(\exists n \in \boldsymbol{N})(\forall m \geqq n)(|a_m - a| < \varepsilon)$$

という言明は、いかなる $\varepsilon > 0$ についても数列 $\{a_n\}_{n=1}^{\infty}$ の項はけっきょくはすべて a からの距離が ε 以下になる、といっていることになる. これが、「a_n はいくらでも a に近づく」という直観的な概念の正式な定義なのだ.

ではここで、数値を使った例を考えてみよう. 数列 $\left\{\dfrac{1}{n}\right\}_{n=1}^{\infty}$ を考える. わたしたちは $n \to \infty$ のときに $\dfrac{1}{n} \to 0$ であることを直観的に知っている. では、この数列の場

合，公式の定義はどのように機能するのか．証明すべきことは，

$$(\forall \varepsilon > 0)(\exists n \in \boldsymbol{N})(\forall m \geqq n)\left(\left|\frac{1}{m} - 0\right| < \varepsilon\right)$$

なのだが，これはすぐに，

$$(\forall \varepsilon > 0)(\exists n \in \boldsymbol{N})(\forall m \geqq n)\left(\frac{1}{m} < \varepsilon\right)$$

と整理することができる．そこでこの言明が正しいことを示すために，まず任意の $\varepsilon > 0$ を取る．その ε に対して，

$$m \geqq n \Rightarrow \frac{1}{m} < \varepsilon$$

となる n を見つける必要がある．そこで n を十分大きく取って，$n > \frac{1}{\varepsilon}$ となるようにする（ここで，191 ページの練習問題 4.3.3 の 2 で触れた $\boldsymbol{R}$ の「アルキメデスの性質」を使う）．今，$m \geqq n$ なら，

$$\frac{1}{m} \leqq \frac{1}{n} < \varepsilon$$

が成り立つ．いいかえると，求めていた

$$(\forall m \geqq n)\left(\frac{1}{m} < \varepsilon\right)$$

という結果が得られたわけだ．

ここで注意したいのが，ε の値によって選ぶ n の値が変わってくるという点だ．ε が小さければ小さいほど，n を大きくする必要が出てくる．

もう一つ別の例として，$\left\{\dfrac{n}{n+1}\right\}_{n=1}^{\infty}$，すなわち，

$$\frac{1}{2}, \frac{2}{3}, \frac{3}{4}, \frac{4}{5}, \cdots$$

を考えてみよう.この数列で,$n \to \infty$ のときに $\frac{n}{n+1} \to 1$ となることを証明する.今,$\varepsilon > 0$ が与えられているとする.このとき,$m \geq n$ であるすべての m について,

$$\left|\frac{m}{m+1} - 1\right| < \varepsilon$$

となるような $n \in \boldsymbol{N}$ を見つける必要がある.そこで,n を十分大きく取って $n > \frac{1}{\varepsilon}$ となるようにすると,$m \geq n$ であるすべての m について,

$$\left|\frac{m}{m+1} - 1\right| = \left|\frac{-1}{m+1}\right|$$
$$= \frac{1}{m+1} < \frac{1}{m} \leq \frac{1}{n} < \varepsilon$$

となり,求めていた式が成り立つ.

練習問題 4.4.1

1. $n \to \infty$ のときに $a_n \not\to a$ であることを,記号と言葉の二つのやり方で定式化しなさい.

2. $n \to \infty$ のときに,$\left(\frac{n}{n+1}\right)^2 \to 1$ であることを証明しなさい.

3. $n \to \infty$ のときに,$\frac{1}{n^2} \to 0$ であることを証明しなさい.

4. $n \to \infty$ のときに,$\frac{1}{2^n} \to 0$ であることを証明しなさい.

5. 数列 $\{a_n\}_{n=1}^{\infty}$ が無限大になるというのは,n が大きくなったときに a_n が際限なく大きくなるということである.たとえ

ば，$\{n\}_{n=1}^{\infty}$ という数列は無限大になり，$\{2^n\}_{n=1}^{\infty}$ という数列も無限大になる．この概念の正確な定義を式で表して，この二つの例がいずれもその定義を満たしていることを示しなさい．

6. $\{a_n\}_{n=1}^{\infty}$ は増加数列（つまり，どの n についても $a_n < a_n + 1$ が成り立つ）で，$n \to \infty$ のときに $a_n \to a$ であるとすると，$a = \text{lub}\{a_1, a_2, a_3, \cdots\}$ であることを証明しなさい．

7. 数列 $\{a_n\}_{n=1}^{\infty}$ が増大していて上に有界であるとき，この数列がある極限に近づくことを証明しなさい．

補遺 集合論

　この本を手に取っている方のほとんどが，十分な集合論の知識を持っているはずだが，念のため，必要なことをこの短い補遺にまとめておく．
　集合の概念はきわめて基本的で，今日の数学的思考の至るところに浸透している．きちんと定義された対象の集まりは，すべて集合なのだ．たとえば，

- みなさんのクラスの学生全員の集まり
- すべての素数の集まり
- あなただけがメンバーの集まり

は集合である．集合を定めるには，何らかの方法でその集まりを明確に述べさえすればよい（じつはこれは不正確な言い方で，抽象的集合論と呼ばれる分野ではどんな集まりでもかまわないとされており，集合の決定的な特徴なるものは存在しない）．
　A を集合としたとき，A という集まりに含まれる対象を，A の**元**とか A の**要素**と呼ぶ．x が A の要素であることを，

$$x \in A$$

で表す.

数学に頻繁に登場する集合については,それらの標準的な表記を決めておいたほうが都合がよい.

N:すべての自然数 (つまり, 1, 2, 3, … といった数) の集合

Z:整数 (0とすべての正と負の整数) の集合

Q:すべての有理数 (分数) の集合

R:すべての実数の集合

したがってたとえば,

$$x \in R$$

は,x が実数であることを意味し,

$$(x \in Q) \wedge (x > 0)$$

は,x が正の有理数であることを意味している.

集合を明確に記述する方法はひとつではなく,元の数が少なければ,すべての元を列挙することもできる.その場合は,元をすべて列挙して中括弧 { } ではさんだものがその集合になる.たとえば,

$$\{1, 2, 3, 4, 5\}$$

は,自然数 1, 2, 3, 4, 5, からなる集合を表している.

さらに,… という記号を使うと,このやり方ですべて

の有限の集合を表すことができる.たとえば,

$$\{1, 2, 3, \cdots, n\}$$

は最初の n 個の自然数の集合である.また,(きちんとした文脈のなかであれば)53 までのすべての素数の集合を,

$$\{2, 3, 5, 7, 11, 13, 17, \cdots, 53\}$$

で表すことができる.

さらに,… を用いて(ただしこの場合の … には終わりがない)ある種の無限集合を表すこともできる.たとえば,

$$\{2, 4, 6, 8, \cdots, 2n, \cdots\}$$

は,すべての偶数の自然数を表し,

$$\{\cdots, -8, -6, -4, -2, 0, 2, 4, 6, 8, \cdots\}$$

は,すべての偶整数の集合を表す.

だが,元の数が少ない有限集合は別にして,広く集合を記述する場合には,その集合を定義する性質を与えるのがベストである.今,$A(x)$ をある性質とすると,$A(x)$ を満たすすべての x の集合は,

$$\{x \mid A(x)\}$$

で表される.あるいは,x をある集合 X の元だけに限りたい場合は,

$$\{x \in X \mid A(x)\}$$

と書いて,「X に含まれる x で, $A(x)$ であるようなものすべて」と読む. たとえば,

$$\boldsymbol{N} = \{x \in \boldsymbol{Z} \mid x > 0\}$$
$$\boldsymbol{Q} = \{x \in \boldsymbol{R} \mid (\exists m, n \in \boldsymbol{Z})[(m > 0) \wedge (mx = n)]\}$$
$$\{\sqrt{2}, -\sqrt{2}\} = \{x \in \boldsymbol{R} \mid x^2 = 2\}$$
$$\{1, 2, 3\} = \{x \in \boldsymbol{N} \mid x < 4\}$$

というふうに表すことができるのだ.

二つの集合 A と B がまったく同じ元で構成されているとき,「A と B は**等しい**」といって, $A = B$ と書く. 上の例からもわかるように, 集合が等しいからといって, 定義がまったく同じだとは限らず, 同一の集合をさまざまなやり方で記述できる場合が多い. むしろ, 集合が等しいということの定義には, 集合が対象の集まりでしかないという事実が反映されているのだ.

今かりに集合 A と B が等しいことを証明する必要が生じたら, ふつうは証明を次の二つの部分に分ける.

(a) A のすべての元が B の元になっている.

(b) B のすべての元が A の元になっている.

(a) と (b) をまとめると $A = B$ になることは明らかだ. ((a), (b) どちらの証明も, 通常は「任意の元を取ってきて……」というふうに行われる. たとえば (a) を証明する場合には, $(\forall x \in A)(x \in B)$ を示さなければなら

ないから,A の任意の元 x を取ってきて,その x が B の元になることを示す.)

今紹介した集合の表記は自然に拡張できて,たとえば,

$$Q = \left\{ \frac{m}{n} \;\middle|\; m, n \in Z, n \neq 0 \right\}$$

と書くことができる.

数学では,元を持たない集合——いわゆる**空集合**——を考えたほうがよい場合がある.このような集合は,むろん一つしかない.なぜなら,かりに二つあったとすると,その元はまったく同じなので(定義からいって)等しくなるからだ.空集合は記号 $\emptyset$ で表す(ギリシャ文字の ϕ でないことに注意!).空集合の表し方もいろいろあって,たとえば,

$$\emptyset = \{x \in R \mid x^2 < 0\}$$
$$\emptyset = \{x \in N \mid 1 < x < 2\}$$
$$\emptyset = \{x \mid x \neq x\}$$

というふうに表すことができる.ここでは,$\emptyset$ と $\{\emptyset\}$ がまったく異なる集合であることに注意しよう.空集合 $\emptyset$ には元が一つもないのに対して,集合 $\{\emptyset\}$ には元が一つある.したがって,

$$\emptyset \neq \{\emptyset\}$$

であり,

$$\emptyset \in \{\emptyset\}$$

が成り立つ（この関係において重要なのは，$\{\emptyset\}$ のただ一つの集合が空集合であるという事実ではなく，$\{\emptyset\}$ には元があって $\emptyset$ には元がないという事実なのだ）．

集合 A の元がすべて集合 B の元であるとき，集合 A は集合 B の**部分集合**であるという．たとえば，$\{1, 2\}$ は $\{1, 2, 3\}$ の部分集合である．A が B の部分集合であるとき，

$$A \subseteq B$$

と書く．A と B が等しくないことを強調する場合は，

$$A \subset B$$

と書いて，A は B の**真の部分集合**であるという（この用法は，$\boldsymbol{R}$ における $\leq$ や $<$ といった順序関係と似ている）．

どのような集合 A, B でも明らかに，

$(A \subseteq B) \wedge (B \subseteq A)$ のとき，そのときにのみ $A = B$

である．

練習問題 A1

1. 次の周知の集合が何であるかを述べなさい．

$$\{n \in \boldsymbol{N} \mid (n > 1) \land (\forall x, y \in \boldsymbol{N})$$
$$[(xy = n) \Rightarrow (x = 1 \lor y = 1)]\}$$

2.
$$P = \{x \in \boldsymbol{R} \mid \sin(x) = 0\}$$
$$Q = \{n\pi \mid n \in \boldsymbol{Z}\}$$

とすると,P と Q の間にはどのような関係があるか.

3.
$$A = \{x \in \boldsymbol{R} \mid (x > 0) \land (x^2 = 3)\}$$

という集合の定義をさらに簡単にしなさい.

4. いかなる集合 A についても,

$$\emptyset \subseteq A \quad \text{かつ} \quad A \subseteq A$$

であることを証明しなさい.

5. $A \subseteq B$ かつ $B \subseteq C$ なら $A \subseteq C$ であることを証明しなさい.

6. $\{1, 2, 3, 4\}$ の部分集合をすべて挙げなさい.

7. $\{1, 2, 3, \{1, 2\}\}$ の部分集合をすべて挙げなさい.

8. $A = \{x \mid P(x)\}$,$B = \{x \mid Q(x)\}$ ただし,P, Q は $\forall x[P(x) \Rightarrow Q(x)]$ であるような式とするとき,$A \subseteq B$ を証明しなさい.

9. ちょうど n 個の元からなる集合の部分集合の数が 2^n 個になることを(帰納法を使って)証明しなさい.

10. $A = \{o, t, f, s, e, n\}$ であるとき,この集合 A を別の方法で定義しなさい(ヒント:これは $\boldsymbol{N}$ と関係があるが,完全に数学的なわけではない).

＊

 集合に対して，いくつかの自然な操作（大まかにいうと，整数の足し算，かけ算と否定に対応する操作）を行うことができる．

 二つの集合 A, B があるときに，A か B いずれかの元であるような対象すべての集合を作ることができる．この集合を A と B の**和集合**と呼び，

$$A \cup B$$

で表す．この集合の正式な定義は，

$$A \cup B = \{x \mid (x \in A) \vee (x \in B)\}$$

となる（この定義と，「または（or）」という言葉を包含的に使うというわたしたちの決定に矛盾がないことに注意）．

 集合 A と B の**共通部分**は，A と B 両方に属する元すべてからなる集合で，

$$A \cap B$$

で表す．その正式な定義は，

$$A \cap B = \{x \mid (x \in A) \wedge (x \in B)\}$$

となる．二つの集合 A, B が共通な元をいっさい持たないとき，この二つは**互いに素**であるという．つまり，$A \cap B = \emptyset$ が成り立つのだ．

集合論における否定のようなものを考えようとすると，**全体集合**という概念が必要になる．集合を扱う場合，すべての集合が同じタイプの対象によって構成されていることが多い．たとえば数論では自然数の集合や有理数の集合に注目し，実解析では通常実数の集合に注目する．個別の議論における全体集合とは，そのときに考えているタイプの対象すべてによって構成された集合のことで，この全体集合が量化の領域になる場合が多い．

全体集合を決めてしまえば，集合 A の**補集合**という概念を導入することができる．全体集合 U に関する集合 A の補集合とは，U に含まれていながら A には含まれない元すべての集合で，A'〔$\overline{A}, A^c$ とも〕で表す．この集合の正式な定義は，

$$A' = \{x \in U \mid x \notin A\}$$

となる（ここでは $\neg(x \in A)$ ではなく簡潔に $x \notin A$ と書いていることに注意）．

たとえば，全体集合が自然数の集合 $\boldsymbol{N}$ で E が偶（の自然）数の集合なら，E' は奇（の自然）数の集合になる．

次に紹介するのは，今述べた三つの集合演算に関する事実をまとめた定理である．

定理 A, B, C を全体集合 U の部分集合とする．
(1) $A \cup (B \cup C) = (A \cup B) \cup C$
(2) $A \cap (B \cap C) = (A \cap B) \cap C$

——(1) と (2) は結合法則である.
(3) $A \cup B = B \cup A$
(4) $A \cap B = B \cap A$
——(3) と (4) は交換法則である.
(5) $A \cup (B \cap C) = (A \cup B) \cap (A \cup C)$
(6) $A \cap (B \cup C) = (A \cap B) \cup (A \cap C)$
——(5) と (6) は分配法則である.
(7) $(A \cup B)' = A' \cap B'$
(8) $(A \cap B)' = A' \cup B'$
——(7) と (8) は「ドモルガンの法則」と呼ばれている.
(9) $A \cup A' = U$
(10) $A \cap A' = \varnothing$
——(9) と (10) は相補の法則である.
(11) $(A')' = A$
——(11) は自己逆元の法則である.

証明 練習問題とする. □

練習問題 A2

1. 上の定理のすべての言明を証明しなさい.

2. ベン図についての説明を見つけてきて,それを用いて上の定理を説明し,さらに理解を深めなさい.

訳者あとがき

 これは，Keith Devlin による "Introduction to Mathematical Thinking" の全訳である．デブリンは，イギリス生まれで 1987 年以来アメリカに在住する数学啓蒙活動にたいへん熱心な数学者で，その著書は日本でもすでに 8 冊ほど翻訳されている．現在はスタンフォード大学の言語情報研究センターのシニア研究員であり，2001 年には情報技術の社会への影響に関する産学協同研究を促進するためのメディア X を立ち上げ，2008 年には人と技術に焦点を絞った学際分野のリサーチセンターである H-STAR を共同で設立して，今もこれらの組織に深く関わっている．アメリカの一般の人々の間では，公共放送のナショナルパブリックラジオの "The Math Guy!" で軽妙なやりとりを通して数学を啓蒙する人物としてつとに有名で，最近では，ジョン・レノン，ポール・マッカートニーの "In My Life" という曲が，じつはほぼすべてレノンによって作られていたことが数学の力で判明した，というトピックを紹介したりしている．また，アメリカ数学協会のサイトでも "Devlin's Angle" というコラムを執筆するなど，その啓蒙活動には歴史があり定評もある．

このような啓蒙活動と政府関連のコンサルティングでの経験と大学で数学を教えてきた経験，これらをすべて凝縮させたのが，このきわめて地味で短い著作なのだ．

この本を開くとまず，全体に占める「まえがき」部分の割合がやけに大きいことに気づく．さらにまた，第1章では数学とは何なのかが数学教育の現状を絡めて明快に論じられているが，このことからも，この本が単なる大学新入生向けハウツー本ではないことがわかる．第1章の高校数学と大学数学に関する論や数学教育の歴史に関する語りひとつをとってもじつに見事なもので，デブリンがこれまでの数学研究や数学教育や数学と社会の関係を巡る活動で得た実感と洞察がぎっしり詰まっている．

この本の内容に関しては，著者のまえがきである「はじめに」と「この本について」に詳しく書かれており，これ以上何を述べたところで，屋下に屋を架すことになりそうだが，ここであえて，翻訳作業を終えて心に残ったことをいくつか記しておきたい．

数学はあらゆる自然科学で使える言語だといわれている．「あらゆる」というのだから，「数学」という言語自体は個別の学問に依拠しない抽象的なものである．そのような抽象的な性質を持つ数学のさらに基本となる思考法を身につけるとなれば，具体物からはますます遠ざかることになるが，進化の歴史からいって，人間は完全に抽象的な思考にはまだまだ不慣れである．

さらに対象を学問以外に広げてみると，「数学的な思考」

のベースにある「量を用いた思考の力」,「分析的な思考の力」は,じつは人間が外界を認識して働きかける際に欠かせない力だといえる.ただ寒い,暑い,だけでなく,どれくらい寒く,どれくらい暑いのか,そうやって外界をある種標準化することによって,外界を認識するより精密な手がかりを作っていく.それなしには,外界の変化を予測したり,外界に働きかけることは不可能だ.暑いねえ,寒いねえ,といっているだけでは,その変化に振り回されておしまいだが,どれくらい暑いのか,どれくらい寒いのか,なぜ暑いのか,寒いのか,そういう量的な思考や分析的な思考を駆使していくと,やがて外界の構造やメカニズムが見えてくる.そして予測が可能になり,働きかけることが可能になる.ヒトは,そうやって文明を作ってきた.

つまり数学的な思考の本質は,学問の世界だけでなく,人間の営み全体において重要な意味を持っているのだ.社会がそれほど変化しない時代であれば,社会でルーティンとなっている(「常識」に分類されている)行動パターンや思考パターンをなぞっているだけで何とかなるものだが,今日のように社会の変化がきわめて速いと,それまでの慣習をなぞるだけでは対応しきれなくなり,変化する外界について自力で考え,認識し,判断し,行動を決める必要が出てくる.じつはそのときに必要な思考の力を凝縮したのが,数学である.

現実世界での思考や物理学や生物学などにおける思考や推論と違って,数学には,「定義」や「公理」以外の「常

識」や「感覚」が存在しない．現実の日常生活や自然科学の各分野では「実際の現象」を相手にすることから，それらの現象と照らし合わせることによって推論の適不適を判断することができ，ある種の「常識」や「感覚」を推論の足場に使うことができるわけだが，数学の場合には，そのような「常識」や「感覚」がまったく存在しないところから出発して，純粋な「量を用いた思考」や「分析的な思考」の力で前進していく．そしていったん推論が立ったときには，現実や常識に照らし合わせることは不可能なので，その推論の正しさを「証明」によって担保する．だから，数学でその思考の本質に触れて馴染んだなら，学問の世界だけでなく人間の営み全体で使える「思考の力」に触れて馴染んだことになるのだ．

　こう考えてくると，この本が扱っている「数学的な思考」はきわめて汎用性の広いもの，抽象的なものだといえる．つまり数学的な思考を身につけるには，そのような抽象的なものに馴染んで身につけるための努力を，確たる具体的な目標も持たずに（数学における目標を立ててしまうと，また専門領域の知識の獲得で苦労することになり，本末転倒になる）行わなければならないわけだ．しかし，元来人間は抽象的な思考がそれほど得手ではないところにもってきて，動機となる大きな目標も皆無となると，これはもう一歩間違えば苦行以外の何ものでもない．だがこの本の著者は，その見事な語り口や切り口を駆使して，読者が苦行の沼に落ち込まぬようかなりの善戦をしている．ひょ

っとすると，いろいろな意味でのベストといえるのかもしれない．たしかにこの本さえ読めば数学的思考法のすべてが身につくわけではない．だが，数学に不可欠とされている記号や式に依拠しすぎることなく，それでいてそれらの必要性が読者に伝わるよう留意し，ときにはあえて平易な話題をゆっくりと取り上げることによって，さらには要所要所にあっ！ というような数学特有の驚きを埋め込むことで……著者は，ぎりぎりまで切り詰めたエッセンスを丁寧に読者に伝え，数学的な思考のこつのなんたるか，その手触りを与えることにかなりのところまで成功している．

一般に大学の学部の教科書は，いわば数学の徒弟修行，科学の徒弟修行の導入部分であることが多い．したがって昔でいえば習うより慣れろ．習得すべき事柄に関する説明は丁寧であっても，その背景の説明までは行わない場合がまだまだ多いのだが，一般向けの著書を多くまとめ，産学協同を推進する立場にあるデブリンのこの著作には，数学の世界の内と外のギャップに配慮した独特の細かさと丁寧さがある．

じっさい第2章には，現実世界と数学の論理の世界を極力滑らかに接続するためのデブリンの工夫がはっきりと見て取れる．数学が現実ではなく証明（論理的に首尾一貫しているということ）によってその正しさを担保する以上，証明に曖昧さは許されない．ところが現実世界での言葉には常に曖昧さが含まれることから，現実世界の言語をそのまま数学の言語として使うことはできず，言葉が表す

概念を吟味して，曖昧でない形で再定義する必要がある．日本語の場合には，現在の数学体系そのものが明治期に外からやってきたこともあって，日常の日本語と異なる専門用語を当てる場合が多いが，英語の場合は日常使っている言葉をそのまま専門用語として定義し直すことも多く，そこをきちんと意識しておかないと，自然言語の曖昧さがそのまま持ち込まれる恐れがあるのだ．いっぽう日本では四角張った専門用語を多用するためそれが壁となって過剰に複雑に感じられてしまうというデメリットがあるわけだが，（日英いずれの言葉にしても，）日常の世界から数学的な思考の世界へのこの切り替えによる再定義の重要性を読者に対してはっきりさせ，それが過不足のない最善の措置であることを理解してもらうべく，著者はそれこそ手を変え品を変えてさまざまな例を繰り出してくる．この章の「ならば」という言葉を取り上げた節を見れば，デブリンの腑分けがいかに切れ味良く，読者の胸にすとんと落ちるものなのかがわかるはずだ．論理結合子，量化子などのキーワードだけを見ると，普通の論理学の教科書とまるで変わらないように見えるが，決してそうではない．

　数学的な思考のこつは，じつは著者の「まえがき」にある注意書きに尽きるのかもしれない．しかし，言うは易く，行うは難い．だから，自らの納得を大切にしつつ，ゆっくり時間をかけてこの本に取り組むことによって，常識に依拠せずに自分の頭で考えるための基礎を掴んでほしい．おそらく著者の願いはそこにあるのだろう．

どうか皆さんも肩の力を抜いて,「ゆったりゆっくりルームでのんびりと頭をグレードアップする」くらいの気持ちで, この本を開いてみてください.
　2018年10月

冨永　星

索　引

ア　行

余り　164, 171
アリストテレス　57
アルキメデスの性質　191, 196
イデアル　38
イプシロン・デルタ論法　37
因果関係　73
ヴィエト　32
ウェイソン　87
エウクレイデス　28, 52
オイラー　130, 149

カ　行

開区間　185
ガウス　37
下界　188
　　最大——　188
革新的な数学的思考者　43
かつ（and）　56, 60
ガリレオ　33
環　38
関数　36
完備性（実数の）　184, 187
極限　194
空集合　203
区間　185
　　開——　185
　　閉——　185
ぐらぐらテーブル定理　99
形式論理学　57
結合子　56
元　199

言明　51
後件　75, 88
合成数　175
ゴールドバッハ　130
　　——の予想　130, 147

サ　行

最小上界　187
最大下界　188
算術の基本定理　176, 177
実数　183
質料含意　75
集合　199
　　空——　203
　　全体——　207
　　補——　207
　　和——　206
十分　89
商　164, 171
上界　187
　　最小——　187
上限　187
条件法　75
　　——の証明　138
証明　127
　　帰納法による——　148
　　条件法の——　138
　　場合分けによる——　144
　　矛盾による——　132
剰余類　38
除法の定理　165
　　一般化された——　171
真理表　63

数学的帰納法 150
数学的思考 3-5, 101
数理論理学 57
数列 191
すべての 96
絶対値 164
選言 65
前件 75, 88
前件肯定式 86, 136
選択肢 65
全称量化子 102
全体集合 207
素因数分解 176
双条件法 85
素数 51, 110, 175
存在量化子 98

タ 行

体 38
対偶 93
――を使った証明 141
代数 26
タレス 28
単射性 37
稠密性 182
ディオファントス 32
定理 132
ディリクレ 36
デデキント 36, 38
でない (not) 56, 67
同値 85
トートロジー 86
ドモルガンの法則 208

ナ 行

ならば 72
ニュートン 33

任意の 96

ハ 行

排他的な「または」 94
背理法 135
パターンの科学 30
バナッハ-タルスキのパラドックス 35
半開区間 186
必要 89
等しい 202
非明示的量化 115
ヒルベルト 168
フェルマー 129
――の小定理 179
双子素数 175
部分集合 204
　真の―― 204
フロスト 139
閉区間 185
補集合 207

マ 行

または (or) 56, 64
無理数 28, 183

ヤ 行

ユークリッドの補題 175, 178
要素 199

ラ 行

ライプニッツ 38
リーマン 36, 37
量化子 96
量化の領域 114
レーラー 39
連言 61

連言肢 61
論理積 61
論理的に妥当 86

ワ 行

ワイルズ 129
和集合 206

本書は「ちくま学芸文庫」のために新たに訳出されたものである。

熱学思想の史的展開2　山本義隆

熱力学はカルノーの一篇の論文に始まり骨格が完成していた。熱素説に立ちつつも、時代に半世紀も先行していた。理論のヒントは水車だったのか？

熱学思想の史的展開3　山本義隆

隠された因子、エントロピーがついにその姿を現わす。そして重要な概念が加速的に連結され熱力学が体系化されていく。格好の入門篇。全3巻完結。

数学がわかるということ　山口昌哉

非線形数学の第一線で活躍した著者が〈数学とは〉〈私の数学〉を楽しげに語る異色の数学入門書。

カオスとフラクタル　山口昌哉

ブラジルで蝶が羽ばたけば、テキサスで竜巻が起こる？カオスやフラクタルの非線形数学の不思議をさぐる本格的入門書。(合原一幸)

数学文章作法　基礎編　結城浩

レポート・論文・プリント・教科書など、数式まじりの文章を正確で読みやすいものにするには？『数学ガール』の著者がそのノウハウを伝授！

数学文章作法　推敲編　結城浩

ただ何となく推敲していませんか？語句の吟味・全体のバランス・レビューなど、文章をより良くするために効果的な方法を、具体的に学びましょう。

数学序説　吉田洋一　赤攝也

数学は嫌いだ、苦手だという人のために。幅広いトピックを歴史に沿って解説。刊行から半世紀以上にわたり読み継がれてきた数学入門のロングセラー。

ルベグ積分入門　吉田洋一

リーマン積分ではなぜいけないのか。反例を示しつつ、ルベグ積分誕生の経緯と基礎理論を丁寧に解説。いまだ古びない往年の名教科書。(赤攝也)

私の微分積分法　吉田耕作

ニュートン流の考え方にならうと微積分はどのように展開される？対数・指数関数、三角関数から微分方程式、数値計算の話題まで。(俣野博)

現代の古典解析	森　毅	おなじみ一刀斎の秘伝公開！　極限と連続に始まる。見晴らしのきく、読み切り22講義。
数の現象学	森　毅	4×5と5×4はどう違うの？　きまりごとの算数からの数の深い文化に探る。
ベクトル解析	森　毅	1次元線形代数から多次元へ、1変数の微積分から多変数へ。応用面とは異なる、教育的重要性を軸に展開するユニークなベクトル解析のココロ。
対談　数学大明神	安野光雅　森　毅	数楽のセンスの大饗宴！　読み巧者の数学者と数学ファンの画家が、とめどなく繰り広げる興趣つきぬ数学談義。（河合雅雄・亀井哲治郎）
応用数学夜話	森口繁一	俳句は何兆まで作れるのか？　安売りをしてもっとも効率的に利益を得るには？　世の中の現象と数学をむすぶ読み切り18話。（伊理正夫）
フィールズ賞で見る現代数学	マイケル・モナスティルスキー　眞野元訳	「数学のノーベル賞」とも称されるフィールズ賞。その誕生の歴史、および第一回から二〇〇六年までの歴代受賞者の業績を概説。
エレガントな解答	矢野健太郎	ファン参加型のコラムはどのように誕生したか。師アインシュタインと相対性理論、パスカルの定理などやさしい数学入門エッセイ。
思想の中の数学的構造	山下正男	レヴィ゠ストロースと群論？　ニーチェやオルテガの遠近法主義、ヘーゲルと解析学、孟子と関数概念……。数学的アプローチによる比較思想史。
熱学思想の史的展開 1	山本義隆	熱の正体は？　その物理的特質とは？　『磁力と重力の発見』の著者による壮大な科学史。熱力学入門書としての評価も高い。全面改稿。

書名	著者/訳者	紹介
フラクタル幾何学（上）	B・マンデルブロ監訳	「フラクタルの父」マンデルブロの主著。膨大な資料を基に、地理・天文・生物などあらゆる分野から事例を収集・報告したフラクタル研究の金字塔。
フラクタル幾何学（下）	B・マンデルブロ監訳 広中平祐監訳	「自己相似」が織りなす複雑で美しい構造とは。その数理とフラクタル発見までの歴史を豊富な図版とともに紹介。
数学基礎論	竹内外史	集合をめぐるパラドックス、ゲーデルの不完全性定理からファジー論理、P＝NP問題などのより現代的な話題まで。大家による入門書。（田中一之）
現代数学序説	松坂和夫	「集合・位相入門」などの名教科書で知られる著者による、懇切丁寧な入門書。組合せ論・初等数論を中心に、現代数学の一端に触れる。（荒井秀男）
工学の歴史	三輪修三	オイラー、モンジュ、フーリエ、コーシーらは数学者であり、同時に工学の課題に方策を授けていた。「ものつくりの科学」の歴史をひもとく。
関数解析	宮寺功	偏微分方程式論などへの応用をもつ関数解析。バナッハ空間論からベクトル値関数、半群の話題まで、その基礎理論を過不足なく丁寧に解説。（新井仁之）
ユークリッドの窓	レナード・ムロディナウ 青木薫訳	平面、球面、歪んだ空間、そして……。幾何学的世界像は今なお変化し続ける。『スタートレック』の脚本家が誘う三千年のタイムトラベルへようこそ。
ファインマンさん 最後の授業	レナード・ムロディナウ 安平文子訳	科学の魅力とは何か？ 創造とは、そして死とは？ 老境を迎えた大物理学者との会話をもとにした、珠玉のノンフィクション。（山本貴光）
生物学のすすめ	ジョン・メイナード＝スミス 木村武二訳	現代生物学では何が問題になるのか。20世紀生物学に多大な影響を与えた大家が、複雑な生命現象を理解するためのキー・ポイントを易しく解説。

計算機と脳	J・フォン・ノイマン　柴田裕之訳	脳の振る舞いを数学で記述することは可能か？ 現代のコンピュータの生みの親でもあるフォン・ノイマン最晩年の考察。新訳。(野﨑昭弘)
数理物理学の方法	J・フォン・ノイマン　伊東恵一編訳	多岐にわたるノイマンの業績を展望するための文庫オリジナル編集。本巻は量子力学・統計力学など物理学の重要論文四篇を収録。全篇新訳。
作用素環の数理	J・フォン・ノイマン　長田まりゑ編訳	終戦直後に行われた講演「数学者」と、「作用素環論について」I〜IVの計五篇を収録。一分野としての作用素環論を確立した記念碑的業績を網羅する。
フンボルト 自然の諸相	アレクサンダー・フォン・フンボルト　木村直司編訳	中南米オリノコ川で見たものとは？ 植生と気候、緯度と地磁気などの関係を初めて認識した、ゲーテ自然学を継ぐ博物・地理学者の探検紀行。
新・自然科学としての言語学	福井直樹	気鋭の文法学者によるチョムスキーの生成文法解説書。文庫化にあたり旧著を大幅に増補改訂し、付録として黒田成幸の論考「数学と生成文法」を収録。
電気にかけた生涯	藤宗寛治	実験・観察にすぐれたファラデー、電磁気学にまとめたマクスウェル、ほかにクーロンやオームなど科学者十二人の列伝を通して電気の歴史をひもとく。
科学の社会史	古川安	大学、学会、企業、国家などと関わりながら「制度化」の歩みを進めて来た西洋科学。現代に至るまでの約五百年の歴史を概観した定評ある入門書。
πの歴史	ペートル・ベックマン　田尾陽一／清水韶光訳	円周率だけでなく意外なところに顔をだすπ。ユークリッドやアルキメデスによる探究の歴史にはじまり、オイラーの発見したπの不思議にいたる。
やさしい微積分	L・S・ポントリャーギン　坂本實訳	微積分の基本概念・計算法を全盲の数学者がイメージ豊かに解説。版を重ねて読みがれる定番の入門教科書。練習問題・解答付きで独習にも最適。

ちくま学芸文庫

二〇一八年十二月十日　第一刷発行

書名　数学的に考える　問題発見と分析の技法

著　者　キース・デブリン

訳　者　冨永　星（とみなが・ほし）

発行者　喜入冬子

発行所　株式会社　筑摩書房
　　　　東京都台東区蔵前二−五−三　〒一一一−八七五五
　　　　電話番号　〇三−五六八七−二六〇一（代表）

装幀者　安野光雅

印刷所　大日本法令印刷株式会社

製本所　株式会社積信堂

乱丁・落丁本の場合は、送料小社負担でお取り替えいたします。
本書をコピー、スキャニング等の方法により無許諾で複製する
ことは、法令に規定された場合を除いて禁止されています。請
負業者等の第三者によるデジタル化は一切認められていません
ので、ご注意ください。

© HOSHI TOMINAGA 2018 Printed in Japan
ISBN978-4-480-09898-6　C0141